식품 보존 교과서

식품 보존 교과서

초판 1쇄 인쇄일   2019년 6월 15일
초판 1쇄 발행일   2019년 6월 27일

감수 무라타 마사쓰네
옮긴이 윤덕주
펴낸이 권성자
표지·본문 디자인 이희진
마케팅 김리하

펴낸곳   도서출판 아이북 | 임프린트 도서출판 책밥풀
주   소   04016 서울 마포구 희우정로 13길 10-10, 1F 도서출판 아이북
전   화 02-338-7813~7814
팩   스 02-6455-5994
출판등록번호 10-1953호 등록일자 2000년 4월 18일
이메일 ibookpub@naver.com

값 16,800원

ISBN 978-89-89968-37-5   13590

Shokuhin no Hozonteku Benricyo Erabikata Point tsuki
© Gakken Plus 2016
First published in Japan 2016 by Gakken Plus Co., Ltd., Tokyo
Korean translation rights arranged with Gakken Plus Co., Ltd.
through Tony International

오래~ 맛있게~
잘~ 먹겠습니다

식품 보존
교과서

무라타 마사쓰네 감수
윤덕주 옮김

책밥풀

올바른 '식품 보존'으로 안심하고
맛있는 음식을 만들 수 있기를……

식품을 사서 바로 냉장고에 넣어두면 괜찮을 거라고 생각하지 않나요?
어떤 것이나 바로 그 상태로 냉장고에 넣으면 그만인 것은 아닙니다. 식품에는 저마다 적절한 보존법이 있기 때문이에요. 올바르게 보존해야 유통기한 안에 맛있게 먹을 수 있을 뿐만 아니라 잡균이나 세균이 생길 염려도 없답니다.
이 책은 190개 식품에 대해 적절한 보존법을 '상온' '냉장' '냉동'으로 나누어 소개하고 있습니다. 또 보존 장소, 보존 기간, 보존 모양, 해동방법 등도 함께 다룸으로 보존에 대한 모든 것을 이해할 수 있도록 구성해 놓았습니다.
이 책을 통해 식품을 사기 전 해당 식품이 제철인지를 확인하고, 또 좋은 상품 고르는 포인트를 알아보고 구입하기를 바랍니다. 또 사온 식품을 사용하고 남은 경우 어떤 방법이 적절한지 미리 찾아볼 수도 있을 것입니다. 이렇게 식품 한 가지에 대해서도 여러 상황에서 활용할 수 있는 다양한 방법을 알아볼 수 있습니다. 여기에는 주요 영양 성분까지도 알 수 있게 해놓아서 어떤 성분이 얼마나 많이 들어 있는지 한눈에 알 수 있습니다.

이 책을 쓰는 과정에서 지금까지 써오던 보존법과는 다르지만 올바르다고 찾아낸 보존법에 대해 직접 실험을 해봄으로써 식품이 어떻게 변하는지 알게 된 것들도 담았습니다. 이제까지 여러분 각자 써오던 보존방법이 과연 옳은 것이었는지 확인할 수 있을 것입니다.

이 책을 항상 함께 하며 식품의 올바른 보존법을 알고, 그 식품을 안심하고 요리해서 맛있는 음식을 만들 수 있는 생활을 지속해가는 데 도움이 된다면 기쁘겠습니다.

'보존 생활'의 도움이 되기를 바라며……

무라타 마사쓰네

Contents

Chapter 1
채소 보존법

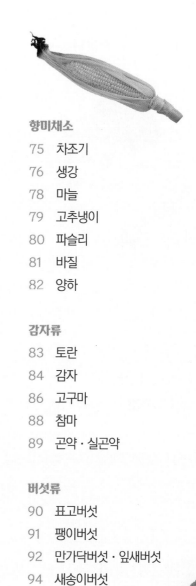

이 책은 여기가 포인트!

이 책은 당신이 알고 싶었던 적절한 보존법과 구체적인 보존 기술, 식품을 고르는 데 필요한 포인트를 짚어 놓았습니다. 그리고 새로운 보존법에 대한 실험 등의 이야기를 담아놓아 상황에 따라 여러 가지로 활용할 수 있습니다.

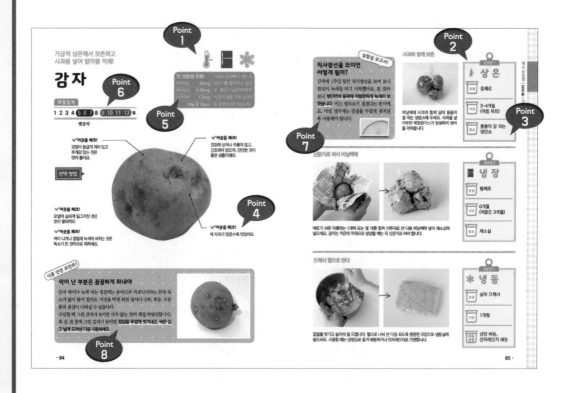

* 보존 기간은 대략적인 기준입니다. 주거 환경과 온도, 계절, 습도 등의 조건에 따라 달라질 수 있습니다.

Point 1

적절한 보존법을 알 수 있다

'상온' '냉장' '냉동' 중 어느 보존법이 적합한지 금세 알 수 있습니다. 적절한 것이 없는 경우에는 마크가 표시되지 않습니다.

Point 2

구체적인 보존법을 확인할 수 있다

'상온' '냉장' '냉동' 각각의 보존법에 대해 순서대로 사진을 통해 구체적으로 알려줍니다.

Point 3

보존 장소 등을 한눈에 알 수 있다

보존 모양이나 보존 장소, 보존 기간, 해동방법이 표시되어 있습니다.

Point 4

선택할 때 확인해야 할 중요한 점을 표시해 놓았다

신선한 것이나 맛있는 것을 고르는 데 필요한 체크 사항, 또 선택할 때 피해야 할 사항에 대해 사례를 들어 구체적으로 소개하고 있습니다.

Point 5

칼로리와 영양 성분을 확인할 수 있다

100g당 칼로리와 주목해야 할 영양 성분치(일본 식품기준 성분표 2015년판(7판 사용)를 알 수 있습니다.

Point 6

제철을 한눈에 알 수 있다

제일 맛있게 먹을 수 있는 제철이 언제인지 한눈에 알 수 있습니다. 1년에 몇 번이나 되는지까지 전부 소개했습니다.

Point 7

보존법을 실제로 실험!

'지금까지의 보존법과 이 책에서 소개하는 보존법 비교하기' '피해야 할 보존법을 실제로 해보면 어떻게 되나' 등 여러 실험을 해보았습니다. 또 보기에는 좋은지, 먹을 때 맛있는지 등도 설명해 두었습니다.

Point 8

식품에 대한 플러스 알파 정보도 가득!

'+α 보존법' '식품안전 포인트' 등 선택 방법이나 보존법에 대한 여러 지식을 실었습니다.

저온장해를 이해하여 신선도를 유지한다

저온장해를 일으키기 쉬운 채소나 과일이 잘 상하지 않는 온도를 알면 신선도를 오래 유지할 수 있습니다.

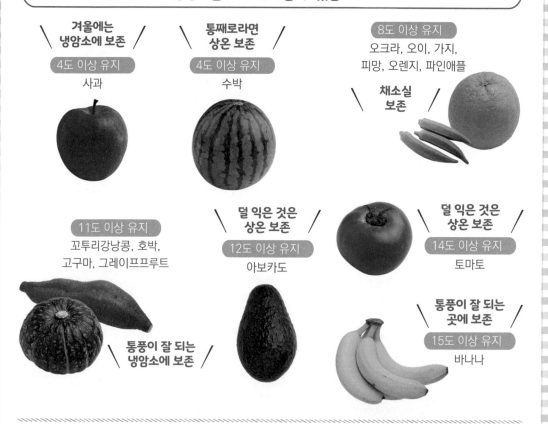

겨울에는 냉암소에 보존
4도 이상 유지
사과

통째로라면 상온 보존
4도 이상 유지
수박

8도 이상 유지
오크라, 오이, 가지, 피망, 오렌지, 파인애플
채소실 보존

11도 이상 유지
꼬투리강낭콩, 호박, 고구마, 그레이프프루트
통풍이 잘 되는 냉암소에 보존

덜 익은 것은 상온 보존
12도 이상 유지
아보카도

덜 익은 것은 상온 보존
14도 이상 유지
토마토

통풍이 잘 되는 곳에 보존
15도 이상 유지
바나나

　채소나 과일은 수확한 다음에도 살아 있다고 봐야 합니다. 그 생명 활동을 억제하기 위해 저온에 저장하는 것이 기본이지만 종류에 따라서는 보존 장소 온도가 일정 이하로 내려가면 상하기도 합니다. 이를 저온장해라고 하는데 특히 열대나 아열대가 원산지인 채소와 과일에서 많이 볼 수 있습니다.

　저온으로 보존하는 것에 따라 채소나 과일이 스트레스를 받습니다. 바나나의 경우에는 껍질이 검게 되고,

오이의 경우에는 무르게 됩니다. 또 토마토는 너무 물컹거리거나 익지 않고 반점이 생기는 현상 등이 일어납니다. 비타민C가 줄어든다는 보고도 있습니다. 일단 저온장해를 입으면 부패가 진행되기 때문에 나중에 적절한 온도의 장소로 옮긴다고 해도 계속 상하게 됩니다.

　저온장해를 일으키지 않기 위해서는 각각의 채소나 과일에 맞는 온도를 파악하여 올바른 방법으로 보존하는 것이 중요합니다.

우리가 먹는 식재료는
「안전」을 바탕으로 한다

식품은 안전하게 먹을 수 있도록 만들어져 있습니다

● 나라에서 정한 농약을 사용하여 곡물, 채소, 과일이 재배됩니다.

왜 농약을 쓸까요?

자연계에는 농작물에 꼬여들어 작물을 망치는 벌레나 농작물 병의 원인이 되는 곰팡이 등이 있습니다. 농약으로 그러한 것들을 퇴치함으로써 농작물을 제대로 키우고 충분한 수확량을 확보하기도 합니다.

● 생선이나 고기에 대한 세균을 막기 위해 약품을 쓰기도 합니다.
→ • 먹어도 건강에 영향이 없을 정도의 양이 사용됩니다.
　 • 출하 전 검사에서 기준치 이하일 때만 출하됩니다.

그래서 안전하게 먹을 수 있다

보존하기 전, 조리하기 전에 해야 할 일

● 손을 잘 씻습니다.
● 식자재를 잘 씻고,
　 필요 없는 수분은 닦아냅니다. → 17~18쪽
● 식자재 중 상한 부분은 잘라버립니다. → 17쪽
● 구입한 후 가능한 한 빨리 조리하거나
　 보존합니다. → 17~19쪽
● 올바른 방법으로 보존합니다.

수분이 남아 있으면 상하기 쉬우므로 남아 있는 수분은 닦아냅니다.

보존방법이 바르면 일정 기간이 지나도 맛있게 먹을 수 있습니다. 반대로 보존방법이 틀리면 금방 상하거나 맛이 떨어집니다.

그래서 안전하게 먹을 수 있다

보존할 온도와 장소를 지킨다

 상온 15~25도에, 통풍이 잘 되고
직사광선이 들어오지 않는 곳을 가리킵니다

[상온에서 보존하는 주요 식품]
호박, 우엉 같은 뿌리채소, 감자와 토란 같은 감자류, 바나나와
귤 등 일부 과일, 건식품, 양념 등

호박은
통째로

감자류는
신문지로 싸서

상온이라고 하면 보통 15~25도를 가리킵니다. 또 직사광선이 비치지 않고 습도가 많이 없으며 통풍이 잘 되는 장소에 보존하는 것을 '상온 보존'이라고 합니다. 호박이나 사과, 바나나 등은 그대로 보존하면 되지만 참마나 파처럼 신문지에 말아 보존해야 하는 것도 있습니다.

상온 보존할 경우 보존 장소를 냉암소로 해야 할 때도 있습니다. 냉암소란 어두침침한 곳, 별로 밝지 않은 곳을 말합니다. 이 경우에는 직사광선뿐 아니라 형광등 불빛 등도 피해야 합니다. 한여름이나 장마철 등 실내 온도와 습도 높은 상태가 계속되면 빨리 상할 수 있습니다. 그런 경우에는 냉장실이나 채소실에 넣습니다.

말릴 때는
소쿠리 등에
얹어서

말릴 때 는 햇볕 좋은 곳에서

버섯이나 고구마, 방울토마토, 무 등을 말리면 감칠맛이 더 좋아지므로 햇볕에 말리는 것을 추천합니다. 며칠만 말려도 수분이 충분히 빠져서 생것일 때보다 보존 기간이 길어집니다.

냉장

영하 3~10도에서
보존할 식품에 따라 장소도 다르게

[냉장으로 보존하는 주요 식품]
어패류, 고기, 채소, 과일 등

시금치, 경수채, 소송채 같은 잎채소나 잘라놓은 양배추와 배추, 고기, 어패류는 냉장 보존이 적합합니다.
냉장 보존할 때는 냉장실, 채소실, 신선실, 육류 보관실 등으로 나누어 이용하며, 식품에 적합한 온도를 맞추도록 합니다. 적절한 장소에 보존하는 것은 잡균의 번식을 억제하여 식품의 안전성을 유지하는 데도 필요하지만 무엇보다 식자재를 더 맛있게 먹기 위한 것입니다.

- 냉장실 : 0~5도
  잎채소나 버섯류, 유제품, 계란 등
- 채소실 : 5~10도
  여름 채소 등
- 신선실·육류 보관실 : −3~0도
  고기나 어패류 등

채소는 채소실에 보존

고기나 생선은 신선실에 보존

 냉동

영하 15도 이하에서
냉동실에

[냉동하여 보존하는 주요 식품]
어패류, 고기, 채소, 과일 등

값싸서 많이 샀더니 좀 남았다 싶을 때 바로 냉동 보존하면 식자재가 오래갑니다. 신선도가 떨어지지 않도록 고기나 생선은 묻어 있는 수분을 닦아내고, 채소는 물로 잘 씻은 후 물기를 없앤 다음 냉동용 보존백에 넣어 공기를 빼고 입구를 꼭 봉해 둡니다. 급랭이 신선도를 유지하는 포인트인데, 공기가 들어가면 열전도율이 떨어져서 급랭이 되지 않습니다. 최대한 공기를 빼야 건조나 산화를 막을 수 있습니다.
자른 멜론, 꽈리고추 등 하나씩 따로따로 보존할 수 있는 것은 열전도율이 좋은 금속 쟁반에 얹어 냉동실에 넣으면 더 빨리 얼릴 수 있습니다. 얼린 다음 냉동용 보존백에 담아 냉동실에 보존합니다.

냉동용 보존백에 넣어 냉동실에 보존

금속 쟁반에 얹어 냉동실에 넣으면 급랭 가능

기본 보존방법은 6가지

❶ 신문지나 키친타월로 감싸놓습니다

당근이나 꽈리고추 등은 습기나 냉기로부터 보호하기 위해 신문지나 키친타월로 싸서 보존합니다. 상온 보존할 때는 통풍이 잘 되는 냉암소, 냉장 보존할 때는 비닐백에 넣어 채소실이나 냉장실에 넣습니다.

❷ 바구니에 담아놓습니다

상온

토마토, 가지, 그레이프프루트, 사과 등은 물기를 닦은 후 바구니에 담아 통풍이 잘 되는 상온의 냉암소에 둡니다. 단, 한여름 등 실내 온도가 높을 때는 채소실에 넣습니다.

❸ 비닐백에 넣습니다

냉장

오크라나 사과 등은 건조를 막기 위해 키친타월 등으로 감싸 비닐백에 넣든가, 그대로 비닐백에 넣습니다. 비닐백 입구를 닫아서 다른 식품의 냄새가 배지 않도록 해야 합니다.

❹ 랩으로 싸놓습니다

냉장 냉동

자른 채소나 과일, 고기, 어패류는 수분을 닦아낸 후 되도록이면 공기와 닿지 않게 랩으로 단단히 싸야 합니다. 냉장·냉동 모두 그대로 보존하든가 보존백에 넣어 보존합니다.

❺ 보존백에 넣습니다

냉장 냉동

수분을 닦아낸 다음 키친타월이나 랩으로 싸서 냉장용 보존백에 담아 냉장실이나 채소실에 넣습니다. 냉동할 경우에는 랩으로 싼 상태로 냉동용 보존백에 넣습니다. 이때 가능한 한 공기를 빼도록 합니다.

❻ 알루미늄 포일로 싸놓습니다

냉동

고기나 어패류 등 급랭할 식품에 이용하도록 합니다. 알루미늄 포일은 열전도율이 높아 짧은 시간에 냉동시킬 수 있습니다. 이때는 랩으로 싼 다음에 다시 알루미늄 포일로 싸놓습니다.

맛있게 먹을 수 있는 보존법 10가지

1 되도록 신선할 때 보존합니다 냉장 냉동

굴은 바로
봉지에 넣어서

채소나 과일, 고기, 생선도 **갓 구입했을 때가 가장 신선하고, 그 뒤로는 점점 신선도가 떨어집니다.** 식품을 구입하면 우선 냉장실에 넣는 것이 좋습니다.

그 뒤 바로 각각의 보존법에 따라 랩으로 싸거나 보존백에 넣어 채소실, 냉장실, 냉동실 등에 넣어 보존합니다.

식품이 상하는 것 같다고 냉동실에 넣기도 하는데, 그렇게 하면 맛있게 먹을 수가 없습니다. 신선할 때 적절한 방법에 따라 보존해야 합니다.

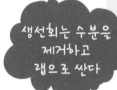

생선회는 수분을
제거하고
랩으로 싼다

2 상한 부분은 잘라냅니다 냉장 냉동

상한 곳이 있는지 살펴보고 샀어도 집에 돌아와서 잘 보면 상한 곳이 눈에 들어오는 경우가 있습니다. **만일 상한 부분이 보이면 냉장 또는 냉동 보존하기 전에 깔끔하게 잘라버려야 합니다.** 특히 냉장 보존할 때 상한 부분을 그대로 두면 상한 곳이 점점 더 퍼져서 모처럼 사온 것을 제대로 먹지 못할 수도 있습니다.

3 물로 잘 씻습니다 상온 냉장 냉동

채소를 냉동 보존하기 전에 반드시 흐르는 물에 꼼꼼하게 씻습니다. 흙은 물론이고 잡균 등이 묻어 있으므로 보존 전에 깔끔하게 씻어낸 뒤에 냉동해야 합니다. 이렇게 하면 잔류 농약도 줄어듭니다.

생것 그대로 냉동할 경우도 물론 있지만, **가열한 다음 냉동하는 경우에도 먼저 꼼꼼하게 씻고 나서 가열합니다.** 그러나 상온 또는 냉장 보존한 경우에는 조리하기 전에 씻도록 합니다.

키친타월로
물기를 잘 닦는다

4 물기를 꼼꼼하게 빼줍니다

상온, 냉장, 냉동 중 어떤 상태로 보존하든 식품의 물기는 잘 빼주는 것이 중요합니다.

남은 물기가 있으면 식품이 상하기 쉽기 때문입니다. 특히 냉동 보존할 때 수분이 묻어 있으면 서리가 끼기 쉬운데 그것이 맛을 떨어뜨리는 원인이 됩니다. 냉동 보존 시에는 물기를 잘 닦아내는 것이 포인트이므로 **키친타월 등으로 꼼꼼하게 남은 물기를 없애도록 합니다.**

잘게 썰어
랩으로 싼다

삶아 먹기 좋게
잘라서 한 끼분씩
랩으로 싼다

5 사용하기 좋은 상태로 보존합니다

보통 채소는 한 단, 한 묶음, 한 봉지 등으로 팝니다. 그대로 보존하더라도 한번에 다 먹을 수 없을 때가 많습니다. **냉동 보존할 때는 조리할 때 바로 사용할 수 있도록** 크게 또는 잘게 썰거나 삶아 먹기 좋은 크기로 잘라두는 등 각자 사용하기 쉬운 형태로 만들어두면 좋습니다.

6 바로 쓸 수 있게 나눠 놓습니다

채소나 과일, 고기, 어패류 등을 냉동 보존하는 경우 랩이나 알루미늄컵을 이용해 1회 분량씩 나눠 보존합니다. 그렇게 하면 **사용할 때 필요한 만큼만 꺼내쓸 수 있기 때문에 다시 냉동할 일이 없습니다.**

생강이나 마늘, 파슬리 같은 향미채소는 갈거나 잘게 썰어 1회 분량씩 냉동해 두면 해동하지 않고 그대로 쓸 수 있어서 **조리시간 단축**에도 도움이 됩니다.

1회 분량씩
나눈다

7 가열 후에는 식혀서 보존합니다

가열한 것은 식힌 다음에 보존합니다. **따뜻한 상태에서 보존하면 물방울이나 서리가 맺혀서 상하거나 맛이 떨어지는 원인이 되기 때문입니다.** 또 따뜻한 상태로 넣으면 냉동실이나 냉장실의 온도가 일시적으로 상승하여 잡균의 번식으로 이어질 수도 있습니다.

8 얇게 펴주도록 합니다

곱고루 냉동되도록 평평하게 편다

냉동하려는 식품의 신선도를 유지하려면 가능한 한 얇게 펴주는 것이 포인트입니다.

랩으로 싸거나 보존백에 넣을 때 **얇게 펴주면 빨리 얼릴 수 있기 때문**입니다. 냉동시키는 데 시간이 걸리면 식품 세포 안에서 얼음 결정이 커져 세포가 파괴됩니다. 그렇게 되면 아까운 영양소가 손실되거나 맛이 떨어집니다.

9 꼼꼼하게 공기를 빼줍니다 냉장

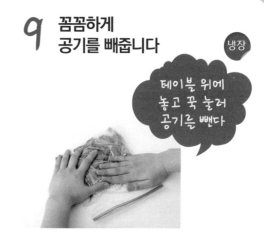

테이블 위에 놓고 꾹 눌러 공기를 뺀다

채소, 고기, 생선 등은 **공기에 닿으면 차츰 신선도가 떨어집니다.** 또 공기에 닿는다는 것은 잡균이 번식한다는 뜻이기도 합니다. 냉장 또는 냉동 보존 시에는 그렇게 되는 것을 방지해야 합니다.

비닐백을 테이블 위에 놓고 꾹 누르거나 체중을 비닐백의 실어 공기를 뺀 뒤 **입구를 단단히 봉해서 채소실이나 냉장실에 넣도록 합니다.**

랩으로 싸서 보존백에 넣는 경우에도 가능한 한 공기가 들어가지 않도록 랩으로 잘 싼 상태로 보존백에 넣고, 넣은 뒤에도 되도록이면 공기를 빼줍니다.

10 날짜를 써 둡니다

유성펜으로 잘 보이게 써 둔다

냉장용 보존백이나 냉동용 보존백에 넣어 보존하는 경우 언제 넣었는지 식품 이름과 함께 써넣습니다. 특히 냉동은 냉장에 비해 장기간 보존할 수 있으므로 써두지 않으면 잊어버릴 때가 있습니다.

유성펜 등으로 날짜를 써두면 낭비하지 않을 수 있습니다. 덧붙여 두자면 **냉동 보존 기간은 대략 1개월**입니다.

이제까지의 보존법은 맞는 걸까?

이 보존법은 맞다? 틀리다?

감자는 상온 보존이니까 주방 한쪽에 두었다

NG! 광합성을 하기 때문에
솔라닌이라는 독소가 증가한다!

감자는 상온 보존이 가능하지만 수확한 뒤에도 호흡을 하기 때문에 실내라고 해도 빛이 들어오는 장소에 두면 광합성을 하여 싹이 나거나 녹색으로 변합니다. 그렇게 된 부분에는 솔라닌이나 차코닌이라는 천연 독소가 많이 들어 있고, 이러한 천연 독소가 든 감자를 먹으면 구역질이나 구토, 설사, 복통, 현기증 등의 증상을 일으킬 수 있습니다.

사과와 감자를 같이 넣으면 감자의 솔라닌 증가를 늦춘다.

감자에서 싹이나 녹색으로 변한 부분이 보이면 **싹은 밑동까지 완전히 파내고, 녹색 부분은 두껍게 껍질을 벗겨 버리도록 합니다.** 감자를 사면 꼭 냉암소에 보존하도록 합시다.

시금치나 경수채는 봉지째로 채소실에 넣는다

NG! 수분이 날아가
시들어버린다!

수확 후 채소는 물 공급이 끊기기 때문에 시들기 시작합니다. 봉지에 넣어 파는 채소는, 예를 들어 시금치의 경우 **봉지에서 꺼내 젖은 키친타월로 싸서 비닐백에 담아 채소실에 보존합니다.**

시금치나 경수채뿐 아니라 다른 채소들 또한 수확 후에도 숨을 쉽니다. 그래서 채소를 밀봉해서 냉장 보존하면 호흡할 수 없으므로 빨리 상하게 됩니다.

젖은 키친타월로 싸서
비닐백에 넣는다.

쓰고 남은 두부는 포장팩에 다시 넣는다

NG! 팩에 든 물은 버리고
매일 물을 갈아준다

두부를 산 후에는 되도록이면 빨리 먹는 것이 좋지만, 보존할 경우 **포장팩에 든 물은 버리고 매일 물을 갈아줍니다.** 쓰다 남은 팩 그대로 넣어두면 두부가 변색되고 냄새가 나며, 결국 미끄덩거려 먹을 수 없게 됩니다.

보존할 두부는 밀폐용기에 물과 함께 넣어 보존해도 좋습니다.

물은 매일 갈아주고,
되도록이면 일찍 먹는다.

고기나 생선은 포장팩째로 신선실이나 냉동실에 넣는다

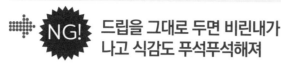

NG! 드립을 그대로 두면 비린내가 나고 식감도 푸석푸석해져

고기나 생선은 포장팩째로 냉동하지 말고, 번거롭더라도 수분을 닦아낸 뒤 랩으로 싸서 보존한다.

    고기나 생선은 신선도가 생명입니다. 사오자마자 먹을 것이 아니면 육류 보관실이나 신선실에 냉장 보존하든가 냉동실에 보존합니다. 하지만 사왔을 때 포장팩째로 넣으면 안 됩니다. 그러면 산화가 진행되고 잡균이나 곰팡이가 번식하기 쉽기 때문입니다. 그 상태로 조리하면 비린내가 나고 식감이 푸석푸석해져서 맛이 반감됩니다.

    고기나 생선도 **포장팩에서 꺼내 키친타월 등으로 드립(고기나 생선에서 나온 여분의 수분)을 닦아냅니다. 가능한 한 공기에 닿지 않도록 랩으로 꼼꼼히 싸서 보존백에 넣고 한 번 더 공기를 뺀 뒤** 육류 보관실이나 신선실 또는 냉동실에 보존합니다.

아보카도가 딱딱해서 그냥 놔두었다

NG! 그대로 두면 계속 딱딱하다

사과나 바나나와 함께 넣어 두면 부드러워진다.

    딱딱한 아보카도는 에틸렌 가스를 방출하는 바나나와 함께 비닐백에 넣어 두면 후숙됩니다. 에틸렌 가스란 채소나 과일에서 나오는 숙성 촉진 물질로, 수확 후에도 숨을 쉬는 채소나 과일에서 방출됩니다. 사과나 바나나에서는 그것이 많이 나와서 함께 넣어 두면 후숙이 이루어져 부드러워지는 것입니다.

    아보카도 외에 키위나 감도 에틸렌 가스의 영향을 쉽게 받으므로 같은 방법으로 후숙시킵니다.

    덧붙여, 후숙되면 바로 봉지에서 꺼내야 합니다. 그대로 두면 상하기 시작하기 때문입니다.

식품 보존에 필요한 **아이템**

쓰고 남은 식품은
반드시 랩으로 단단히 싼다
랩

냉장 냉동

보존할 것의 크기나 양에 따라 구분해서 쓸 수 있도록 사이즈 별로 갖춰 두면 편리하다. 식품 보존에는 빼놓을 수 없는 아이템이다.

급랭에 편리!
알루미늄 포일

냉동

고기나 생선을 랩으로 싼 뒤에 알루미늄 포일로 싸면 열전도율이 높아져서 빨리 냉동시킬 수 있다.

불필요한 수분을
제거하거나 건조를 막아준다
키친타월, 신문지

상온 냉장

키친타월은 식품의 건조를 방지하거나 식품의 물기를 닦아내는 데 쓴다. 신문지는 식품을 싸는 데 사용하지만 흙이 묻은 채소를 보존하거나 건조를 막는 데도 필요하다.

급랭에 필수!
금속 쟁반

식품을 하나씩 개별 상태로 얼릴 때 쓴다. 열전도
율이 높아서 급랭이 가능하다. 냉장고 냉동실에 비
치되어 있는 쟁반을 사용해도 좋다. 금속 쟁반에서
얼린 뒤에 냉동용 보존백에 넣는다.

건조로부터 식재료를 지킨다
냉장용 보존백
냉동용 보존백

밀폐 보존에 적합한 비닐백. 냉동용 보존백은 두터운 전
용백을 쓰고, 냉장용은 그보다는 얇은 것을 써도 된다.
어느 쪽이든 식품을 담고 나면 공기를 꼼꼼하게 뺀 뒤
지퍼를 닫는다.

건식품 등의 습기를 지킨다
보존병

시리얼이나 견과류 같은 건식품을 담기도 하고, 파슬리나 바질 등을 보존
할 때와 물을 담아 세워 놓을 때도 편리하다. 밀폐시킬 수 있게 뚜껑이 있
는 것을 준비한다.

냉기나 건조를 막는다
비닐백

상온 보존할 때나 밀폐성이 필요하지 않을 때
냉기나 건조를 막는 데 쓴다.

절이거나 비닐백에
넣을 수 없는 것을 담는다
밀폐용기

절일 때 쓰거나 랩으로는 보존하기 힘든 것을 넣을 수 있는 뚜껑 있
는 밀폐용기로 준비한다.

맛있게 해동하는 방법 6가지

❶ 냉장 해동

조리하기 6~8시간 이전에 냉동실에서 냉장실로 옮깁니다. 냉장실 온도가 낮다고 해도 문을 자주 여닫으면 온도가 올라가기 때문에 주의하도록 합니다. 해동 후에는 빠르게 조리해야 합니다.

❷ 흐르는 물에 해동

냉동된 것을 빨리 해동시키고 싶을 때 편리하게 사용할 수 있는 방법입니다. 냉동 식품을 보존백 상태로 큰 그릇에 넣고 흐르는 물에 해동시킵니다. 해동에 걸리는 시간은 20~30분 정도입니다. 보존백에 든 상태일 때는 봉지 안으로 물이 들어가지 않도록 주의해야 합니다. 게처럼 그대로 해동해야 하는 것도 있습니다.

❸ 언 상태로 조리

해동 시간이 필요 없어서 짧은 시간에 조리할 수 있습니다. 수프나 볶음 재료로 쓸 때는 끓는 물이나 달궈진 프라이팬에 냉동 상태 그대로 넣고 조리합니다. 기본 처리를 한 뒤 얼려 두면 언 상태로 샐러드 볼에 담고 양념을 넣기만 하면 조리를 끝낼 수 있는 채소도 있습니다.

❹ 신선실에서 해동

고기나 어패류는 조리하기 전날에 신선실로 옮겨 둡니다. 해동에 걸리는 시간은 6~10시간 정도입니다. 저온에서 천천히 해동하면 잡균이 번식하기 어렵고, 냉동 전과 같은 상태로 돌아가 맛있게 먹을 수 있습니다.

❻ 상온 해동

상온 해동은 냉장고에서 해동하는 것보다 빨라서 편리하지만, 해동할 음식과 실내온도 간 차이가 너무 커서 맛을 잃을 수 있고, 잡균이나 세균이 번식하여 빨리 상할 수도 있습니다. 특히 한여름이나 장마철에는 피하도록 합니다.

❺ 전자레인지 해동

시간이 없을 때에는 아주 편리하지만 수분이 너무 많이 빠져서 마르거나 부분적으로 탈 수도 있습니다. 랩을 벗기고 키친타월 위에 얹어 가열하는 방법도 좋습니다.

Chapter 1
채소 보존법

채소의 싱싱함을 지키기 위해서는
빠른 보존이 효과적입니다.
냉장 보존 시에는 키친타월이나 신문지로 싸서
냉기가 채소에 직접 닿지 않도록 하고
냉동 보존 시에는 남아 있는 수분을 닦아내서
상하는 것을 방지하는 것이 기본입니다.

키친타월로 싸서 보존하는 것이 기본

당근

제철달력

| 1 | 2 | 3 | 4 | 5 | 6 | 7 | 8 | 9 | 10 | 11 | 12 | 월 |

봄·여름
당근

가을·겨울
당근

이 성분에 주목!

베타카로틴	8600㎍
칼슘	28mg
식이섬유	2.8g
100g당 39kcal	

베타카로틴은 지용성이라서 기름으로 조리할 때 흡수율이 높아요. 잎에는 비타민K와 C가 많이 들어 있어요.

✔ **이곳을 체크!**
표면이 매끄럽고
색이 선명한 것이 좋아요.

✔ **이곳을 체크!**
모양이 단단하고 아래쪽으로 자연스럽게 가늘어지는 것이 맛이 좋아요.

✔ **이곳을 체크!**
줄기 단면(연결면)이 넓은 것은 딱딱하므로 피하세요.

✔ **이곳을 체크!**
수염 뿌리 수가
많은 것이 맛있어요.

선택 방법

갈라진 것은 신선하지 않은
것이니 피하세요.

+α 보존법 **피클로 만들어 반찬이나 안주로!!**

당근을 비롯 오이나 무, 방울토마토, 파프리카 등은 피클로 만들어 보존할 수 있어요. **스틱형으로 자르거나 어슷썰기 등 원하는 대로 썰어서 그대로 절이면 됩니다.** 절인 상태로 냉장실에서 3~7일 정도 지나 가벼운 반찬이나 안주로 즐길 수 있지요.

또 반달썰기 하여 겉절이로 하거나 하나를 통째로 쌀겨된장절임(누카즈케)으로 하는 등 여러 방법으로 보존하여 맛있게 먹을 수 있어요.

신문지로 감싸서 세워 보존

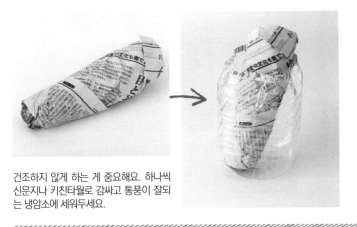

보존법 1

🌡 **상온**

모양	통째로
기간	1주일
장소	통풍이 잘 되는 냉암소

건조하지 않게 하는 게 중요해요. 하나씩 신문지나 키친타월로 감싸고 통풍이 잘되는 냉암소에 세워두세요.

비닐백에 넣어 채소실이나 냉장실에

보존법 2　**+α도 체크!**

🧊 **냉장**

모양	통째로
기간	2~3주일
장소	채소실, 냉장실

키친타월로 싸서 비닐백에 넣고 채소실이나 냉장실에 꼭 세워서 보존해요.

썰어서 냉동용 보존백에

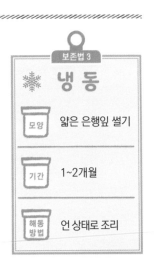

보존법 3

❄ **냉동**

모양	얇은 은행잎 썰기
기간	1~2개월
해동방법	언 상태로 조리

씻고 물기를 닦은 다음 얇은 은행잎 썰기를 하세요. 가능한 평평하게 펴서 랩으로 먼저 싸서 냉동용 보존백에 담아 냉동실에 넣으세요. 양이 많을 때는 1회 분량으로 나눠 담으세요.

먹기 좋은 크기로 잘라 냉동

호박

제철달력

1 2 3 4 5 6 7 8 9 10 11 12 월

수입산　　　국내산

이 성분에 주목!

베타카로틴	4000μg
비타민E	4.9mg
식이섬유	3.5g
100g당 91kcal	

호박에는 비타민E가 많
아 혈액순환에 좋아요.
껍질에 베타카로틴이 풍
부하므로 잘 씻어서 활
용하세요.

선택 방법

✔ **이곳을 체크!**
꼭지가 말라 있고
주변이 움푹 들어가 있으면
잘 익은 거예요.

✔ **이곳을 체크!**
하얀 가루가 표면에 엷게 덮여
있으면 맛이 좋아요.

✔ **이곳을 체크!**
껍질의 녹색이 짙고,
묵직한 것이
좋은 상품이에요.

잘라서 파는 것은
이곳을 체크!
과육의 색이 짙고 통통한
씨로 가득 차 있는 것을 골
라야 맛이 달아요.

✔ **이곳을 체크!**
모양이 찌그러진 것은
맛이 떨어지는 것이므로 피하세요.

실험실 보고서!

단단한 호박을 쉽게 자르려면

호박은 껍질이 단단해서 자르기 힘든데, 전자레인지로 약
간 가열한 뒤에 자르면 쉬워요.
호박을 1/4 또는 1/2로 잘라 씨와 섬유질을 긁어낸 뒤 **랩
으로 싸서 전자레인지에 넣어 3분 정도 돌리면 칼이 쉽게 들어
가 편하게 자를 수 있지요.** 단, 너무 오래 가열하면 호박 전
체가 물러지므로 주의하세요.

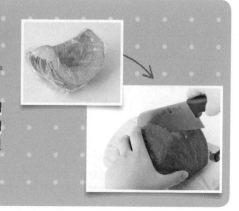

호박 속을 긁어내고 랩으로 감싸요

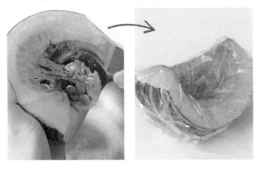

자른 호박은 안에 든 씨와 섬유질을 숟가락 등으로 긁어낸 뒤 잘린 면에 랩을 잘 씌워 채소실에 넣으세요.

보존법 1	보존법 2
🌡️ **상온**	🔲 **냉장**
모양 통째로	모양 잘라서
기간 2~3개월	기간 1주일
장소 통풍이 잘 되는 냉암소	장소 채소실

먹기 좋은 크기로 잘라서 보존백에

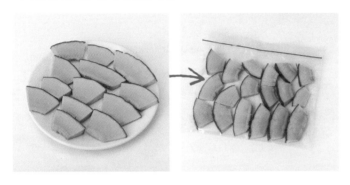

먹기 좋은 크기로 잘라 냉동용 보존백에 겹치지 않게 담으세요. 공기를 빼고 입구를 단단히 묶은 다음 냉동실에 넣으세요.

보존법 3
❄️ **냉동**
모양   먹기 좋은 크기로 잘라서
기간   1개월
해동 방법   언 상태로 조리

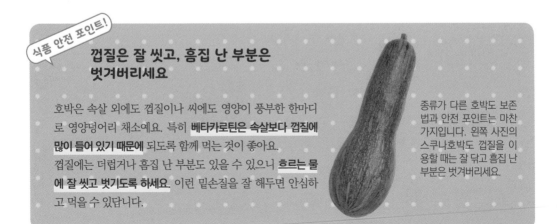

식품 안전 포인트!

껍질은 잘 씻고, 흠집 난 부분은 벗겨버리세요

호박은 속살 외에도 껍질이나 씨에도 영양이 풍부한 한마디로 영양덩어리 채소예요. 특히 베타카로틴은 속살보다 껍질에 많이 들어 있기 때문에 되도록 함께 먹는 것이 좋아요. 껍질에는 더럽거나 흠집 난 부분도 있을 수 있으니 흐르는 물에 잘 씻고 벗기도록 하세요. 이런 밑손질을 잘 해두면 안심하고 먹을 수 있답니다.

종류가 다른 호박도 보존법과 안전 포인트는 마찬가지입니다. 왼쪽 사진의 스쿠나호박도 껍질을 이용할 때는 잘 닦고 흠집 난 부분은 벗겨버리세요.

살짝 데치면 냉동 보존 가능

오크라

제철달력

①② 3 4 5 **⑥⑦⑧⑨** 10 11 12 월

수입산　　　　　국내산

이 성분에 주목!

엽산	110μg
칼슘	92mg
망간	0.48mg
100g당 30kcal	

미네랄이 풍부하고, 특히 칼슘은 우유와 비슷할 만큼 함유되어 있어요. 끈끈한 느낌이 드는 것은 펙틴 등 의 식이섬유 때문입니다.

선택 방법

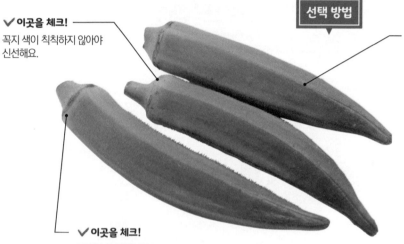

✔ **이곳을 체크!**
꼭지 색이 칙칙하지 않아야 신선해요.

✔ **이곳을 체크!**
솜털이 많고 자그마한 것이 맛있어요.

✔ **이곳을 체크!**
단면이 싱싱해 보이고, 꼭지 주변에 꽃받침이 붙어 있으면 더욱 좋은 식품이에요.

씨가 너무 많이 차 있지 않은 것이 부드럽고 맛 있어요.

소금물에
데쳐서 보존백에

봉지에서 꺼내 비닐백에 넣어 채소실에 보존하세요.

보존법 1

냉장

모양	통째로
기간	2~3일
장소	채소실

비닐백에
넣어 보존

도마에 얹어 소금을 조금 뿌려 뒤적거린 다음 끓는 물에 단단 함이 남을 만큼만 데치세요. 식 힌 다음 냉동용 보존백에 넣어 냉동실에 보존하세요.

보존법 2

냉동

모양	통째로 또는 토막썰기
기간	1개월
해동 방법	냉장 해동 언상태로 조리

베타카로틴이 풍부하고 사시사철 구하기 쉬워

꼬투리강낭콩

제철달력

1 2 3 4 5 **6 7 8 9** 10 11 12 월

이 성분에 주목!

베타카로틴	590μg
망간	0.33mg
식이섬유	2.4g
100g당 23kcal	

베타카로틴이 많아서 피부에 좋고 노화방지에도 큰 효과가 있어요. 또 엽산이나 비타민K 등도 풍부합니다.

선택 방법

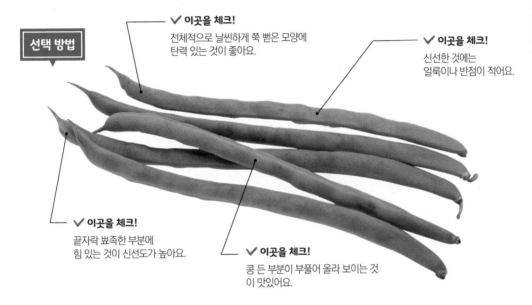

✔ **이곳을 체크!**
전체적으로 날씬하게 쭉 뻗은 모양에 탄력 있는 것이 좋아요.

✔ **이곳을 체크!**
신선한 것에는 얼룩이나 반점이 적어요.

✔ **이곳을 체크!**
끝자락 뾰족한 부분에 힘 있는 것이 신선도가 높아요.

✔ **이곳을 체크!**
콩 든 부분이 부풀어 올라 보이는 것이 맛있어요.

방향을 가지런히 해서 보존

보존법 1

냉장

모양	통째로
기간	1주일
장소	채소실

꼬투리강낭콩의 방향을 가지런히 해서 키친타월로 감싼 다음 비닐백에 넣어 채소실에 보존하세요.

데친 다음 반으로 잘라 보존백에

보존법 2

냉동

모양	반으로 잘라서
기간	1개월
해동 방법	냉장 해동, 전자레인지 해동

소금물에 살짝 데친 다음 반으로 잘라 냉동용 보존백에 넣어 냉동실에 보존하세요.

한여름 아니면 상온에서 2~3일 보존 가능

토마토

이 성분에 주목!		빨간 색소는 라이코펜에
베타카로틴	540µg	의한 것으로, 강력한 항산
비타민C	15mg	화 작용을 합니다. 혈압을
칼슘	210mg	내려주는 효과가 있는 칼
100g당 19kcal		슘도 많이 들어 있어요.

제철달력

| 1 | 2 | 3 | 4 | 5 | 6 | 7 | 8 | 9 | 10 | 11 | 12 | 월 |

겨울·봄
토마토

여름·가을
토마토

✔이곳을 체크!
위에서 본 모양이
원형에 가까울수록
좋은 상품이에요.

선택 방법

✔이곳을 체크!
신선한 것은
꼭지나 꽃받침이 짙은 녹색이고
껍질에 탄력과 윤기가 있어요.

✔이곳을 체크!
맛이 진한 것은
껍질의 붉은색에
깊이가 있고 얼룩이 없어요.

✔이곳을 체크!
껍질에 옅은 흰색 줄기가
드러나 보이는 것은 단맛이 나요.

젤리 형태인 이 부분에 감칠맛 성분인
글루탐산이 듬뿍 들어 있어요.

실험실 보고서!

'상온'과 '채소실'에서 5일간 보존 대결!

토마토는 **2~3일 정도 상온 보존이 가능**하지만 **그 이상은 냉장 보존**해야 합니다.
실제로 실험해 보니 사진처럼 5일간 상온에서 보존하면 껍질이 갈라지고 곰팡이도 나타났어요. 그에 비해 채소실에서 보존하니 눈에 띄는 변화가 없었어요.
여기에 실린 보존 기간과 방법을 참고하여 맛있고도 안전하게 먹도록 하세요.

오른쪽이 상온 보존, 왼쪽이 채소실에 냉장 보존한 토마토

냉장 보존   상온 보존

5일 후

5일 경과. 4일째부터 상온 보존 토마토는 모양이 변했어요.

냉장 보존   상온 보존

방울토마토는 피클이나 드라이 토마토로

[피클] 방울토마토를 잘 씻어 피클액에 담그고 1~2일 지나면 먹을 수 있어요.(→ 26쪽)

[드라이 토마토] 잘 씻어 꼭지를 따고 반 갈라 소금을 뿌려요. 서로 겹치지 않게 소쿠리에 담아 2일 정도 햇볕에 말리면 완성. 올리브유와 함께 보존병에 담았다가 파스타 요리 등에 쓰입니다.

한여름만 아니면 바구니에 넣어 보존

바구니에 넣어 통풍이 잘 되는 냉암소에 보존합니다.

보존법 1	
🌡 상온	
모양	통째로
기간	2~3일
장소	통풍이 잘 되는 냉암소

비닐백에 넣어 채소실에

비닐백에 넣고 입구를 묶은 다음 채소실에 보존해요. 특히 한여름에는 바로 냉장 보존하도록 합니다.

방울토마토도 비닐백에

방울토마토는 포장팩에서 꺼내 비닐백으로 옮겨 담고 입구를 묶은 다음 채소실에 보존합니다.

보존법 2	
냉장	
모양	통째로
기간	10일~2주일
장소	채소실

랩으로 싸고 꼭지는 아래로

하나하나 씻어 물기를 뺀 다음 랩으로 쌉니다. 꼭지를 아래로 향하게 하여 냉동용 보존백에 넣어서 통째로 냉동시키면 해동 후에 껍질을 쉽게 벗길 수 있어요.

잘게 썰어 보존백에

잘 씻고 물기를 뺀 다음 잘게 썰어 냉동용 보존백에 넣어두세요. 그런 다음 토마토소스로 활용하면 좋아요.

보존법 3	
❄ 냉동	
모양	●통째로 ●잘게 썰기
기간	1개월
해동 방법	냉장 해동, 전자레인지 해동, 언 상태로 조리

물기를 잘 닦아내고 잘라서 냉동

피망·
파프리카

제철 달력

1 2 3 4 5 (6 7 8 9) 10 11 12 월

피망

이 성분에 주목!	
베타카로틴	400μg
비타민E	0.8mg
비타민C	76mg
100g당	22kcal

항산화 작용 성분인 베타카로틴, 비타민E, 비타민C가 모두 들어 있어요. 또 씁쓸한 맛을 내는 성분인 피라진에는 혈액 순환 개선 효과가 있습니다.

선택 방법

✔ **이곳을 체크!**
과육에 탄력과 윤기가 있고, 얼룩이 없는 것이 좋은 상품이에요.

✔ **이곳을 체크!**
신선한 것은 꼭지가 꼿꼿하고 녹색이 선명합니다.

✔ **이곳을 체크!**
꼭지의 단면 색이 변한 것은 오래된 채소이니 피하세요.

피망과 파프리카 모두 껍질이 두껍고 씨가 자라지 않은 것이 맛있어요.

파프리카

이 성분에 주목!	[빨강]	[노랑]
베타카로틴	1100μg	200μg
비타민E	4.3mg	2.4mg
비타민C	170mg	150mg
100g당	30kcal	27kcal

비타민C가 많아 피부미용에 아주 좋아요. 빨간색은 카프산틴, 노란색은 아스타크산틴에 의한 것인데, 모두 항산화 작용을 합니다.

✔ **이곳을 체크!**
표면에 윤기와 탄력 있는 것이 신선해요.

✔ **이곳을 체크!**
과육이 물렀거나 주름이 생긴 것은 피하세요.

하나씩 하나씩
키친타월로 감싸세요

하나씩 따로따로 키친타월로 싼 다음 비닐백에 한데 모아 채소실에 보존하세요. 파프리카도 같은 방법으로 하면 됩니다.

자른 뒤 속을
정리해서

사용하고 남은 것은 씨와 하얀 섬유질 부분을 제거한 다음 랩으로 싸서 채소실에 보존하세요. 파프리카도 같은 방법으로 해놓으세요.

보존법 1

 냉장

모양	● 통째로 ● 잘라서
기간	● 피망 : 3주일 ● 파프리카 : 10일~2주일
장소	채소실

채로 썰고 작게 나누어 보존백에

물에 잘 씻고 물기를 닦은 뒤 채로 썰거나 사용하기 좋은 크기로 잘라 1회 분량씩 나눠 랩으로 싸세요. 랩으로 싼 것을 다시 냉동용 보존백에 넣어 냉동실에 보존합니다.

보존법 2

 냉동

모양	쓰기 좋은 크기로 잘라서
기간	1개월
해동방법	냉장 해동, 언 상태로 조리

+ α 보존법

채소 세트를 만들어 냉동 보존하세요

냉장고에 채소가 조금씩 남았거나 평소 조리시간을 줄이고 싶을 때 채소 세트를 만들어두면 편해요. 예를 들어 볶음용 채소 세트, 카레나 스튜용 채소 세트 등 각각의 경우에 맞춰 **1회 분량으로 만들어 냉동용 보존백에 담아 공기를 빼고 냉동 보존**합니다. 조리할 때는 언 상태로 사용하면 됩니다.

신선할 때 살짝 데쳐서 보존

꼬투리완두

제철달력

1 2 3 **4 5** 6 7 8 9 10 11 12 월

선택 방법

✔ **이곳을 체크!**
콩이 두드러지지 않아 보이는 것이 좋답니다.

✔ **이곳을 체크!**
껍질에 탄력과 윤기가 있고 선명한 녹색을 띤 것이 좋아요.

✔ **이곳을 체크!**
완두 끝에 붙은 수염이 뽀얗고 힘 있어 보이는 것이 신선해요.

비닐백에 넣어 보존

보존법 1

냉장

모양	통째로
기간	1주일~10일
장소	채소실

키친타월로 감싼 뒤 비닐백에 넣고 잘 묶어 채소실에 보존하세요.

소금물에 데쳐 랩으로 싸서 보존백에

보존법 2

냉동

모양	통째로
기간	1개월
해동방법	냉장 해동, 전자레인지 해동, 언상태로 조리

잘 씻어 소금물에 데치세요. 1회분 정도로 나누어 랩으로 싸고 냉동용 보존백에 넣어 냉동실에 보존하세요.

냉장할 때는 깍지째, 냉동할 때는 까서

누에콩

제철달력

1 2 3 **4 5 6** 7 8 9 10 11 12 월

이 성분에 주목!

비타민B₁	0.30mg
비타민B₂	0.20mg
식이섬유	2.6g
100g당 108kcal	

지질 및 당질 대사를 촉진하는 비타민B₁과 B₂가 풍부하여 피로 회복에 효과적이에요. 콩깍지에는 식이섬유가 많이 포함되어 있답니다.

✔ **이곳을 체크!**
깍지에 탄력과 윤기 있는 것이 신선해요.

✔ **이곳을 체크!**
겉보기에 콩의 형태가 가지런해 보이는 것은 제대로 자랐다는 증거입니다.

선택 방법

✔ **이곳을 체크!**
깍지의 녹색이 짙고 솜털이 살짝 난 것이 좋아요.

비닐백에 넣어
보존

깍지째 비닐백에 담고 입구를 묶은 다음 채소실이나 냉장실에 보존하세요.

보존법 1	
❄ **냉장**	
모양	통째로
기간	2~3일
장소	채소실, 냉장실

깍지 까서
소금물에 데침

깍지를 까서 콩만 소금물에 데치세요. 식힌 다음 냉동용 보존백에 넣고 공기를 빼서 냉동실에 보존하세요.

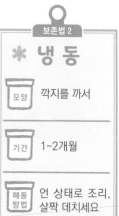

보존법 2	
❄ **냉동**	
모양	깍지를 까서
기간	1~2개월
해동방법	언 상태로 조리, 살짝 데치세요

냉장은 그대로, 냉동은 데쳐서 보존

풋콩

제철달력

1 2 3 4 5 6 **7 8 9** 10 11 12 월

이 성분에 주목!

단백질	11.7g
비타민B₁	0.31mg
비타민C	27mg
100g당 135kcal	

콩에는 없는 베타카로틴이나 비타민C가 들어 있어요. 비타민B₁은 당질 대사를 돕기 때문에 피로회복에 효과적이에요.

선택 방법

✔ **이곳을 체크!**
가지에서 깍지를 떼어내면 바로 맛이 떨어집니다. 가능하면 가지에 달린 것을 고르세요.

✔ **이곳을 체크!**
깍지의 녹색이 선명하고 콩 자리가 불룩해 보이는 것이 맛있어요.

✔ **이곳을 체크!**
콩이 7~8할 정도 찼을 때가 향이 좋아요.

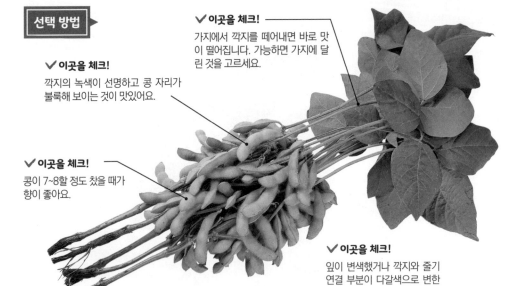

✔ **이곳을 체크!**
잎이 변색했거나 깍지와 줄기 연결 부분이 다갈색으로 변한 것은 피하세요.

**깍지째로
비닐백에**

가지에서 깍지를 떼어내서 비닐백에 넣으세요. 맛이 떨어지므로 가능한 한 빨리 삶아서 먹도록 하세요.

보존법 1	
냉장	
모양	통째로
기간	1~2일
장소	냉장실

**살짝 데쳐서
보존백에**

가지에서 떼어낸 뒤 단단함이 남을 정도로 데쳐 수분을 제거하세요. 식힌 다음 냉동용 보존백에 넣어 냉동실에 보존하세요.

보존법 2	
냉동	
모양	통째로
기간	2개월
해동방법	냉장 해동, 흐르는 물에 해동

마르지 않게 키친타월로 말아서 보존

그린 아스파라거스

제철달력

1 2 3 4 **5 6** 7 8 9 10 11 12 월

이 성분에 주목!

베타카로틴	380μg
비타민B₁	0.14mg
비타민B₂	0.15mg

100g당 22kcal

체력 증진에 도움이 되는 비타민B₁과 B₂가 풍부해요. 항산화 작용이 있는 베타카로틴, 비타민C, E도 많아요.

선택 방법

✔이곳을 체크!
곧게 뻗은 형태에 봉오리 끝이 잘 오므라든 것이 좋아요.

✔이곳을 체크!
절단면이 싱싱하고 딱딱하게 굳지 않은 것을 고르세요.

✔이곳을 체크!
절단면이 갈색인 것은 신선하지 않은 것이니 피하세요.

✔이곳을 체크!
녹색이 짙고 굵은 것이 맛있어요.

채소실에 세워서 보존

키친타월로 단단히 감싸서 비닐백에 담은 다음 채소실에 세워서 보존하세요.

보존법 1

냉장

모양	통째로
기간	3~4일
장소	채소실

데친 다음 나눠서 냉동시켜 보존백에

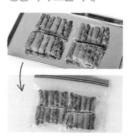

밑에서 3분의 1 정도까지는 껍질을 벗기고 단단함이 남을 정도로 데치세요. 먹기 좋은 크기로 잘라 1회 분량으로 나눠 랩으로 싸서 금속 쟁반에 얹어 냉동실에서 얼립니다. 그다음 냉동용 보존백에 넣으세요.

보존법 2

냉동

모양	●토막썰기 ●어슷썰기 등
기간	1개월
해동방법	언상태로 조리

마르기 쉬운 잎채소는 적신 키친타월로 감싸

시금치

제철달력

1 2 3 4 5 6 7 8 9 10 **11 12** 월

이 성분에 주목!	베타카로틴이 많아서 200g
베타카로틴 4200μg	이면 하루분을 섭취할 수
엽산 210μg	있어요. 엽산과 철분, 철분
철분 2.0mg	흡수를 돕는 비타민C와
100g 당 20kcal	칼슘도 풍부해요.

✔ **이곳을 체크!**
잎 색이 짙고,
잎 끝까지 힘 있는 것이
싱싱한 것이어서 맛도 좋아요.

선택 방법

✔ **이곳을 체크!**
잎 표면에 줄(잎맥)이
좌우대칭으로 뻗어 있는 것은
좋은 상품이에요.

✔ **이곳을 체크!**
잎이 너무 얇거나
줄기가 너무 가는 것은
피하세요.

뿌리 쪽 붉은 부분에
망간과 철분이 들어
있어요.

잎채소를 젖은 키친타월로 싸는 이유

우엉이나 고구마, 호박, 당근 등은 상온 보존이 가능하지만, 시금치나 경수채, 소송채 같은 잎채소는 상온에서 보존할 수가 없어요.
잎채소는 수확하기 전은 물론이고 수확한 다음에도 살아 있기 때문에 산소를 필요로 하지요.

상온 보존하게 되면 수분이 공급되지 않아 잎이 시들어 보기에도 안 좋고 식감도 떨어진답니다.
젖은 키친타월로 싸서 비닐백에 담아 냉장 보존하면 신선도가 유지되어 맛있게 먹을 수 있습니다.

적신 키친타월로 싼 뒤 세워서 보존

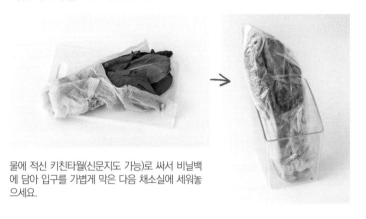

보존법 1

▓ 냉장

모양 통째로

기간 1주일

장소 채소실, 냉장실

물에 적신 키친타월(신문지도 가능)로 싸서 비닐백에 담아 입구를 가볍게 막은 다음 채소실에 세워놓으세요.

물기를 빼고 숭덩숭덩 썰어 냉동

보존팁 2

❄ 냉동

모양 ● 숭덩숭덩 썰기
● 먹기 좋은 크기

기간 1개월

해동방법 냉장 해동(데친 것),
언 상태로 조리

물로 잘 씻고 숭덩숭덩 썰어놓으세요. 물기를 뺀 다음 냉동용 보존백에 담아 냉동실에 보관하세요.

삶아서 1회 분량씩 랩으로 싸서 냉동

삶은 다음 먹기 좋은 크기로 썰어 1회 분량씩 랩으로 싸서 냉동용 보존백에 담아 냉동실에 보존하세요. 자연 해동해서 사용하는 것이 좋고, 국에 쓸 경우에는 언 상태로 끓는 냄비에 넣어도 됩니다.

생것으로 냉동하면 삶지 않아도 먹을 수 있어요

소송채

이 성분에 주목!
베타카로틴 3100μg
칼슘   170mg
철분   2.8mg
100g당 14kcal

칼슘은 시금치의 약 4배,
철분은 약 1.4배 많아요.
항산화 작용을 하는 베타
카로틴, 비타민C도 풍부
해요.

제철달력

1 2 **3** 4 5 6 7 8 9 10 11 **12** 월

선택 방법

✓**이곳을 체크!**
잎이 두툼하고 잎맥이 좌우대칭으로
뻗어 있는 것이 좋은 상품이에요.

✓**이곳을 체크!**
신선한 것은 뿌리 쪽이
단단하답니다.

✓**이곳을 체크!**
잎이 깨끗하고 옅은 녹색이며,
잎맥이 굵고 또렷한 것이
맛이 좋아요.

소송채는 생것 그대로 냉동시키면 삶지 않아도 먹을 수 있다

나물이나 무침으로 요리할 경우 생것 그대로 냉동시킨 소송채를 쓰
면 좀더 편해요. **언 소송채를 양념에 잠깐 재어 두었다가 소송채가 녹기
시작할 때 가볍게 뒤적거리기만 하면 됩니다.** 날것이면 데친 다음 조리
해야 하지만 냉동해서 세포가 파괴된 소송채는 양념이 잘 스며들어
서 그대로 먹을 수 있어요.

적신 키친타월로 싸서 세워 보존

보존법 1

냉장

모양	통째로
기간	1주일
장소	채소실

물에 적신 키친타월이나 신문지로 싸서 비닐백에 담아 입구를 막은 다음 채소실에 세워 보존하세요.

생것은 숭덩숭덩 썰어 보존백에

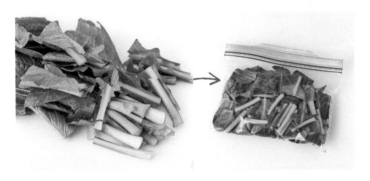

보존법 2

냉동

모양	3~4cm 길이로 잘라서
기간	1개월
해동방법	냉장 해동(데친 것), 언 상태로 조리(생것)

생것 그대로 보존한다면 잘 씻어서 물기 빼고 숭덩숭덩 썰어 냉동용 보존백에 넣어 냉동실에 보존합니다.

데친 것은 나눠서 보존백에

데친 다음 숭덩숭덩 썰어 1회 분량씩 나눠서 랩으로 싼 다음 냉동용 보존백에 담아 냉동실에 보존하세요.

젖은 키친타월로 싼 다음 세워서 채소실에

청 경 채

제철달력

1 **1** 2 3 4 5 6 7 8 **9 10 11 12** 월

이 성분에 주목!	칼슘이 많은 것이 특
베타카로틴 2000㎍	징. 베타카로틴은 브
칼슘 100mg	로콜리보다 많이 들어
비타민C 24mg	있어요. 철분과 비타
100g당 9kcal	민K, C도 풍부해요.

▶ **선택 방법**

✔ **이곳을 체크!**
신선한 것은 잎과
줄기 전체에 탄력과
윤기가 있어요.

✔ **이곳을 체크!**
잎맥이 또렷한 것이
좋은 상품이에요.

✔ **이곳을 체크!**
둥그스름한 모양에 두툼한 것이
품질이 좋아요.

키친타월로 싸서
보존백에

보존법 1

🧊 냉 장

모양	통째로
기간	5일~1주일
장소	채소실

젖은 키친타월(신문지도 가능)
로 싸서 비닐백에 넣은 뒤 세워
보존하세요.

삶은 후 나눠서
보존백에

보존법 2

❄ 냉 동

모양	숭덩숭덩 썰기
기간	1개월
해동방법	냉장 해동, 언상태로 조리

잘 씻어 숭덩숭덩 자른 뒤 데치세
요. 1회 분량씩 나눠 랩으로 싸
서 냉동용 보존백에 넣습니다.

1회 분량씩 랩으로 싸서 냉동

쑥갓

제철 달력

1 **2** **3** 4 5 6 7 8 9 10 **11** **12** 월

선택 방법 ▶

✔ **이곳을 체크!**
잎의 녹색이 진하고
뿌리 쪽까지 잎이
많은 것이 맛있어요.

✔ **이곳을 체크!**
절단면이 오래되지 않고 향이
강한 것이 신선해요.

✔ **이곳을 체크!**
줄기가 너무 두껍지 않고
짤막해 보이는 것이
부드러워요.

**세워서
채소실에 보존**

젖은 키친타월(신문지도 가능)에 말아서 비닐백에 넣은 뒤 세워서 보존하세요.

보존법 1

냉장

모양	통째로
기간	5일~1주일
장소	채소실

**먹기 좋은 크기로 썰어
데친 다음 랩으로 싸서**

4~5cm 길이로 썰어 데친 다음 식히세요. 1회 분량씩 나눠 랩으로 싸서 냉동용 보존백에 넣으세요.

보존법 2

냉동

모양	4~5cm 길이로 썰어서
기간	1개월
해동 방법	냉장 해동, 언상태로 조리

날 상태로 조리!

파

제철 달력

1 2 3 4 5 6 7 8 9 10 11 12 월

이 성분에 주목!		향을 내는 성분인 알리신은
엽산	72μg	당질 대사를 촉진하는 비
비타민C	14mg	타민B₁의 흡수를 높여줍니
칼륨	200mg	다. 또 녹색 부분에는 베타
100g당 34kcal		카로틴이 풍부하지요.

✔ 이곳을 체크!
하얀 부분은 두께가 일정하고 똑바로
뻗은 것이 좋은 상품이에요.

선택 방법

✔ 이곳을 체크!
잎끝의 녹색이 짙고
선명해야 신선도가 좋아요.

✔ 이곳을 체크!
줄기와 잎으로
나뉘는 부분이
두툼한 것이 맛있어요.

+α 보존법

흙에 묻어 둘 수도 있어요

파에 흙이 묻어 있다면 흙 속에 묻어서
보존할 수 있어요.
파를 비스듬하게 세워 넣을 수 있을 정도
로 땅을 파고 흙 묻은 파를 넣으세요. 그런
다음 파 전체를 흙으로 덮습니다.
이렇게 하면 여러 달 보존이 가능하여 필
요할 때 사용할 만큼만 파서 쓰면 됩니다.

흙이 묻은 파는
신문지로 싸서

대파가 흙이 묻은 채 비닐에 담겨
있으면 꺼내서 신문지로 싸세요. 그
리고 통풍이 잘 되는 냉암소에 보관
합니다.

보존법 1

상온

모양	통째로
기간	1개월
장소	통풍이 잘 되는 냉암소

껍질은 벗겨서 사용

씻어놓은 파는 이미 판매할 때 겉껍질을 한 겹 벗기기는 하지만 **사용할 때는 만일을 위해 한 꺼풀 더 벗긴 다음 흐르는 물에 씻어서 사용합니다.**
그렇게 하면 보다 안심하고 먹을 수 있습니다.

씻은 파나 남은 파는 랩으로 싸서

이미 씻어놓았거나 쓰고 남은 파는 그대로 랩으로 싸서 채소실에 보관합니다. 너무 길면 잘라서 보관해도 됩니다. 쪽파는 포장 봉지에서 꺼내 랩으로 싸서 채소실에 넣으세요.

보존법 2

냉 장

모양	● 대파 : 통째로, 잘라서 ● 쪽파 : 통째로
기간	1주일
장소	채소실

잘게 썰어 1회 분량으로 나누어

겉껍질을 벗긴 다음 씻어 물기를 빼고 잘게 썹니다. 1회 분량씩 나눠 랩으로 싸고 냉동용 보존백에 담아 냉동실에 보존하세요. 언 상태로 양념으로 쓰면 됩니다.

보존법 3

냉 동

모양	● 토막썰기 ● 잘게 썰기 ● 어슷썰기(대파)
기간	1개월
해동 방법	언 상태로 조리

어슷썰기나 토막썰기해서 랩으로

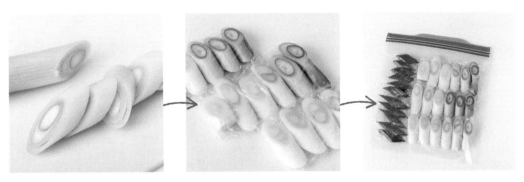

겉껍질을 벗긴 다음 씻어 물기를 빼고 어슷썰기나 토막썰기 등 쓰기 좋은 크기로 자릅니다. 1회 분량씩 나눠 랩으로 싸고 냉동용 보존백에 담아 냉동실에 보존하세요. 언 상태로 조리에 쓸 수 있어요.

냉장 보존은 세워서, 긴 것은 반으로 잘라서

경수채

제철 달력

1 2 **3** 4 5 6 7 8 9 10 **11** **12** 월

이 성분에 주목!

베타카로틴	1300㎍
비타민C	55mg
철분	2.1mg
100g당 23kcal	

하얗게 보이는 곳에 사실은 항산화 작용이 있는 베타카로틴이 풍부하게 들어 있어요. 비타민C도 많아서 감기 예방에도 좋습니다.

선택 방법

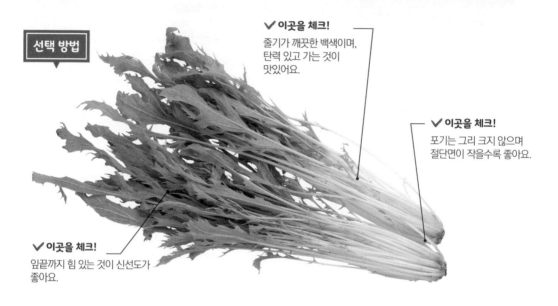

✔ **이곳을 체크!**
줄기가 깨끗한 백색이며, 탄력 있고 가는 것이 맛있어요.

✔ **이곳을 체크!**
포기는 그리 크지 않으며 절단면이 작을수록 좋아요.

✔ **이곳을 체크!**
잎끝까지 힘 있는 것이 신선도가 좋아요.

길면 반으로 잘라서 보존해야

보존법 1

▐ 냉장

모양	통째로
기간	1~2일
장소	채소실

젖은 키친타월(신문지도 가능)에 말아서 비닐백에 넣은 다음 세워서 채소실에 넣으세요. 너무 길어서 세울 수 없는 경우에는 반으로 잘라 키친타월로 감싼 다음 넣으세요.

날것 그대로 숭덩숭덩 썰어서

보존법 2

❄ 냉동

모양	숭덩숭덩 썰기
기간	1개월
해동 방법	냉장 해동, 언상태로 조리

날것은 밑동을 중심으로 잘 씻고 물기를 빼세요. 그런 다음 숭덩숭덩 썰어 냉동용 보존백에 담아 냉동실에 보존합니다. 이때 공기를 빼고 사용할 때 필요한 만큼 쓸 수 있도록 나누어서 담으세요.

남은 것은 데쳐서 1회 분량씩 나눠 보존

끓는 물에 살짝 데치고 숭덩숭덩 썰어놓으세요. 그리고 식힌 다음 나눠 랩으로 싸서 냉동용 보존백에 담아 냉동실에 보존하세요.

자르지 않고 데친 다음 그대로 냉동

몰로키아

제철 달력

| 1 | 2 | 3 | 4 | 5 | 6 | 7 | 8 | 9 | 10 | 11 | 12 | 월 |

이 성분에 주목!

베타카로틴	10000μg	베타카로틴이 당근보다도
비타민E	6.5mg	많이 들어 있어서 최상급
칼슘	260mg	이라고 해도 좋을 채소입
		니다. 칼슘은 시금치의 약
100g당 38kcal		5배나 들어 있습니다.

젖은 키친타월로 싸서 채소실로

젖은 키친타월(신문지도 가능) 에 말아서 비닐백에 넣은 뒤 채소실에 넣으세요.

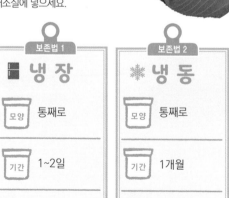

✔ 이곳을 체크!
잎의 녹색이 진하고 생기 있는 것이 맛있어요.

선택 방법

✔ 이곳을 체크!
신선한 것은 줄기가 부드러우면서 탄력 있어요.

✔ 이곳을 체크!
잎이 변색하였거나 시든 것은 신 선도가 떨어진 거예요.

보존법 1

■ 냉장

모양	통째로
기간	1~2일
장소	채소실

보존법 2

❄ 냉동

모양	통째로
기간	1개월
해동 방법	냉장 해동, 언상태로 조리

자르지 않고 데쳐서 냉동

끓는 물에 살짝 데치고 물기를 뺀 다음 식혀서 그대로 냉동용 보존백 에 넣어 냉동실에 보존하세요. 이 때 자르면 질겨지므로 그대로 냉동 합니다.

긴 것은 반으로 잘라 냉장 보존

부추

제철달력

1 2 3 4 5 6 7 8 9 10 11 12 월

이 성분에 주목!

베타카로틴	3500μg	황화아릴 때문에 특유의 향이 나요.
비타민K	180μg	비타민B₁과 함께
칼륨	510mg	섭취하면 피로회복
	100g당 21kcal	에 효과적이지요.

선택 방법

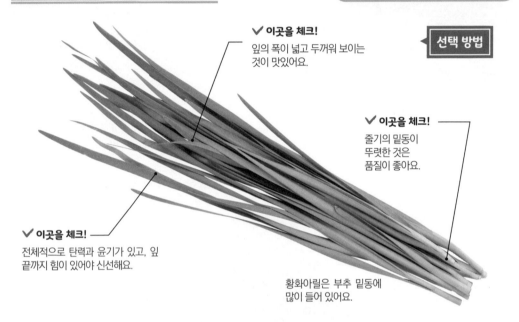

✔ **이곳을 체크!**
잎의 폭이 넓고 두꺼워 보이는
것이 맛있어요.

✔ **이곳을 체크!**
줄기의 밑동이
뚜렷한 것은
품질이 좋아요.

✔ **이곳을 체크!**
전체적으로 탄력과 윤기가 있고, 잎
끝까지 힘이 있어야 신선해요.

황화아릴은 부추 밑동에
많이 들어 있어요.

긴 것은 반으로 잘라 보존

보존법 1

냉장

모양	● 통째로 ● 잘라서
기간	3~4일
장소	냉장실, 채소실

젖은 키친타월(신문지도
가능)에 말아서 비닐백에
넣은 다음 세워서 보존하
세요. 긴 것은 반으로 자
릅니다.

먹기 좋은 크기로 잘라 보존백에

보존법 2

냉동

모양	● 숭덩숭덩 썰기 ● 잘게 썰기
기간	1개월
해동 방법	언상태로 조리

잘 씻어 물기를 뺀 다음 사용하기 편
하게 숭덩숭덩 썰거나 잘게 썰어놓으
세요. 1회 분량씩 나눠 랩으로 싸서
냉동용 보존백에 넣으세요.

꼭지를 바짝 잘라 금속 쟁반에서 냉동

꽈리고추

제철달력

1 2 3 4 5 **6 7 8** 9 10 11 12 월

이 성분에 주목!
베타카로틴	530μg
비타민B₂	0.39mg
비타민C	57mg

100g당 27kcal

비타민B₂가 있어 단백질 대사를 촉진해요. 또 지방 연소 효과가 있는 캡사이신도 조금 들어 있습니다.

✔ **이곳을 체크!**
꼭지가 야무진 것이 좋은 상품이에요.

✔ **이곳을 체크!**
꼭지의 단면이 변색한 것은 신선도가 떨어진 것이니 피하세요.

✔ **이곳을 체크!**
표면의 색이 선명하고 윤기와 탄력 있는 것이 맛있어요.

선택 방법

5~6개를 모아 키친타월로 싸서

보존법 1

냉장
모양	통째로
기간	3주일
장소	채소실

5~6개씩 키친타월로 싸서 냉장용 보존백에 넣으세요.

꼭지를 바짝 잘라 냉동

보존법 2

❄ 냉동
모양	통째로
기간	1개월
해동방법	
언 상태로 조리	

물로 씻은 다음 물기를 빼고 꼭지를 바짝 자르세요. 금속 쟁반에 얹어 냉동실에 얼린 다음 냉동용 보존백에 담아 보존합니다. 조리할 때는 언 상태로 사용하면 됩니다.

키친타월에 싸서 싱싱함 유지

유채

제철달력

1 2 3 4 5 6 7 8 9 10 11 **12** 월

이 성분에 주목!
엽산	340μg
비타민C	130mg
칼슘	160mg

100g당 33kcal

비타민C가 많은 것이 특징이지요. 피를 생성하고, 항산화 작용을 하는 엽산도 많아서 빈혈 예방에도 좋아요. 칼슘 등 미네랄도 풍부한 식품입니다.

선택 방법

✔ **이곳을 체크!**
봉오리가 단단하고 벌어지기 전 상태가 제일 맛있어요.

✔ **이곳을 체크!**
신선한 것은 잎과 줄기 색이 선명하고, 단면이 싱싱해요.

✔ **이곳을 체크!**
꽃이 핀 것은 너무 자라서 쓴맛이 강하므로 피하세요.

젖은 키친타월로 싸서

보존법

냉장
모양	통째로
기간	3~4일
장소	채소실

젖은 키친타월(신문지도 가능)에 말아서 비닐백에 넣은 다음 채소실에 세워 놓으세요.

브로콜리

봉오리를 먹는 채소는 세워서 보존

제철 달력

1 2 3 4 5 6 7 8 9 10 11 12 월

콜리플라워

제철 달력

1 2 3 4 5 6 7 8 9 10 11 12 월

절단면에 '바람'이 들지 않은 것을 고르세요. 콜리플라워도 마찬가지입니다.

브로콜리

이 성분에 주목!		채소 중에서 비타민C가
베타카로틴	810μg	월등하게 많아요. 특징
엽산	210μg	적으로 암 예방 효과가
비타민C	120mg	있는 설포라판을 함유
100g당 33kcal		하고 있어요.

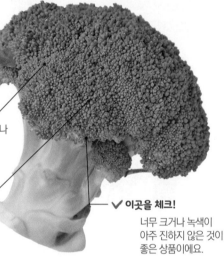

✔ 이곳을 체크!
전체적으로 누렇게 변했거나 꽃이 피기 시작한 것은 신선도가 떨어져요.

✔ 이곳을 체크!
봉오리가 단단하게 오므라져 있고 묵직한 것이 맛이 좋아요.

✔ 이곳을 체크!
너무 크거나 녹색이 아주 진하지 않은 것이 좋은 상품이에요.

✔ 이곳을 체크!
깨끗한 백색에 봉오리가 오므리고 있는 것은 품질이 좋아요.

선택 방법

✔ 이곳을 체크!
전체적으로 누런빛을 띤 것은 신선도가 떨어지므로 피하세요.

✔ 이곳을 체크!
묵직하게 느껴지는 것이 맛있어요.

✔ 이곳을 체크!
바깥 잎이 너무 길지 않고 윤기 나는 것이 신선해요.

콜리플라워

이 성분에 주목!		비타민C가 많은 데다 열을
엽산	94μg	가해 조리를 해도 손실이 적
비타민C	81mg	어요. 오렌지색이나 보라색을
식이섬유	2.9g	띤 것에는 항산화 작용을 하
100g당 27kcal		는 색소 성분이 들어 있어요.

비닐백에 넣어 세워서 보존

보존법 1

냉 장

모양	통째로
기간	4~5일
장소	냉장실

브로콜리나 콜리플라워도 비닐백에 넣어 줄기를 아래로 향하게 세워서 냉장실에 보존하세요.

소금물에 데쳐서 보존백에 넣어야

보존법 2

냉 동

모양	송이별로 잘라서
기간	1개월
해동 방법	냉장 해동, 언 상태로 조리

송이송이 잘라서 물에 잘 씻은 다음 소금물에 데치세요. 껍질을 두껍게 벗겨놓고, 줄기도 그대로 둔 채 세로로 3~4등분해서 마찬가지로 소금물에 데칩니다. 식힌 뒤에 물기를 없애고 냉동용 보존백에 넣어 냉동실에 넣으세요.

원포인트

자르는 법만 알면 송이별로 자르기도 간단!

송이송이 자르려다가 자칫 봉오리를 바스러뜨린 경험을 한 적이 있지 않나요. 브로콜리나 콜리플라워는 **줄기의 절단면 쪽에 식칼로 칼집을 넣고, 손으로 벌려주면** 깔끔하게 송이별로 나눌 수 있어요.

잘라놓은 송이를 소금물에 데치면 브로콜리는 녹색이 그대로 유지됩니다. 콜리플라워의 경우는 끓는 물에 식초를 넣고 데치면 흰색도 유지되고 식감도 살릴 수 있답니다.

무

이 성분에 주목!

	[뿌리]	[잎]
비타민C	12mg	53mg
식이섬유	1.4g	4.0g
칼슘	24mg	260mg
100g당	18kcal	25kcal

매운맛을 내는 성분인 이소시
오시아네이트는 혈전 예방에
효과적이에요. 또 무 잎에는
베타카로틴, 비타민C, 칼슘 등
이 풍부하지요.

선택 방법

✔ **이곳을 체크!**
잎은 색이 선명하고,
뿌리와 붙어 있는 부분이
단단하면 좋은 좋은 상품이에요.

✔ **이곳을 체크!**
전체적으로 윤기와
탄력 있는 것이 좋아요.

✔ **이곳을 체크!**
너무 굵지 않으면서
쭉 뻗은 모양에
탄탄한 것이 맛있어요.

✔ **이곳을 체크!**
밑동이 거무스름하거나
금이 간 것은 피하세요.

✔ **이곳을 체크!**
묵직하고 수염뿌리가 적은 것이
좋은 상품이에요.

무는 부위에 따라 맛있게 조리하는 법이 달라요!

무의 뿌리 부분은 부위별로 사용법을 알면
더 맛있게 먹을 수 있습니다. **잎 가까운 부분
보다 아래로 내려갈수록 매운맛이 강해집니다.**
날것으로 먹을 경우에는 매운맛이 적은 잎쪽
부분을 택하세요.
또 잎쪽 부분을 보존할 때는 삶지 말고 갈아
서 그대로 보존하면 냉동 후에도 맛있게 먹
을 수 있답니다.

매운맛이 강하지 않아 어묵탕이나 푹
삶아서 먹을 때 좋아요.

매운맛이 적어
샐러드나 무즙 등
생식용으로 알맞아요.

매운맛이 강해 양념용이나 절임, 된
장국용으로 적당해요.

[뿌리]
키친타월로 싸서 세워서 보존

뿌리는 키친타월로 싸서 비닐백에 넣어 세워서 보존하세요. 자른 것은 랩으로 싸고 세워서 채소실에 보존하면 됩니다.

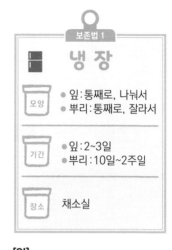

[잎]
날것은 키친타월로 싸서

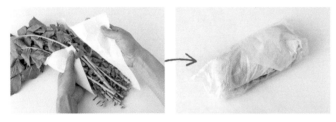

날것 상태라면 키친타월로 싸서 비닐백에 넣어 채소실에 보존하세요. 2~3일밖에 가지 않으므로 가능하면 빨리 먹는 게 좋아요.

[잎]
데쳐서 보존도 가능

데친 다음 식히세요. 1회 분량씩 나눠 랩으로 싸서 채소실에 넣으세요.

[뿌리]
갈아서 평평한 모양으로

갈아서 수분을 잘 뺀 다음 냉동용 보존백에 담고 가능한 한 평평하게 펴서 공기를 빼세요.

얇은 은행잎 썰기 후 삶아서 보존할 수도

얇은 은행잎 썰기를 해서 잘 삶으세요. 식힌 뒤에는 냉동용 보존백에 잘 펴서 넣고 냉동하세요.

[잎]
데쳐서 랩으로

잎은 데친 다음 식으면 랩으로 싸서 냉동용 보존백에 담아 냉동하세요. 냉장실로 옮겨 해동시킨 뒤 썰어서 조리하면 됩니다.

구입 후 바로 잎과 뿌리를 잘라놓아야

순무

선택 방법

제철 달력

1 2 **3 4 5** 6 7 8 9 **10 11 12** 월

이 성분에 주목!

	[뿌리]	[잎]
비타민C	19mg	82mg
칼륨	280mg	330mg
식이섬유	1.5g	2.9g
100g당	20kcal	20kcal

비타민C는 면역력 강화에 좋고, 칼륨은 부기를 내리게 합니다. 잎에는 베타카로틴, 비타민B군, 미네랄이 풍부해요.

✔ **이곳을 체크!**
잎이 선명한 녹색으로 싱싱해 보이는 것이 신선해요.

✔ **이곳을 체크!**
뿌리가 동그랗고 탄력과 윤기가 있는 것이 맛있어요.

✔ **이곳을 체크!**
줄기가 똑바르고 얼룩 없는 것이 좋은 상품이에요.

✔ **이곳을 체크!**
갈라지거나 상처 난 것은 피하세요.

✔ **이곳을 체크!**
수염뿌리가 적은 편이 맛있어요.

[뿌리]
비닐백에 넣어서

뿌리는 비닐백에 넣어 냉장실에 넣으세요. 사용하고 남은 것은 랩으로 싸서 보존합니다.

[잎]
키친타월에 감싸서

잎은 키친타월에 감싸서 랩으로 싼 다음 채소실에 넣으세요. 흠집 나기 쉬우므로 가능하면 빨리 사용하세요.

보존법 1

 냉장

모양 | 통째로,

기간 | ● 잎 : 2~3일
● 뿌리 : 1주일

장소 | ● 잎 : 채소실
● 뿌리 : 냉장실

[잎]
데쳐서 랩으로

잎은 살짝 데친 다음 1회 사용 분량만큼 랩으로 싸서 냉동실에 넣으세요.

[뿌리]
썰어서 급랭

뿌리는 물론이고 줄기의 밑동까지 잘 씻어 반달썰기하세요. 물기를 잘 빼고 랩을 깐 금속 쟁반에 겹치지 않게 늘어놓은 다음 급랭하세요. 언 상태로 냉동 보존백에 담아 냉동실에 넣으면 됩니다.

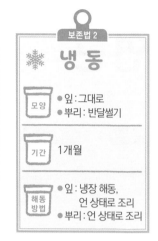

보존법 2

❄ **냉동**

모양	● 잎 : 그대로 ● 뿌리 : 반달썰기
기간	1개월
해동 방법	● 잎 : 냉장 해동, 　언 상태로 조리 ● 뿌리 : 언 상태로 조리

안을 깨끗하게 긁어내 보존

동아

제철달력

1　2　3　4　5　6　**7　8　9**　10　11　12　월

이 성분에 주목!

비타민C	39mg
칼륨	200mg
식이섬유	1.3g
100g당 16kcal	

약 95퍼센트가 수분으로 되어 있어 칼로리가 낮아요. 수분과 칼륨의 이뇨 작용으로 부기를 빼는 데 큰 도움을 줍니다.

선택 방법

✔ **이곳을 체크!**
짙은 녹색에 얼룩 모양이 또렷한 것은 잘 익은 것이에요.

✔ **이곳을 체크!**
들어봤을 때 무거운 것이 맛있어요.

✔ **이곳을 체크!**
잘라 파는 것은 절단면이 하얗고 씨가 꽉 찬 것이 좋은 상품이에요.

남은 것은 속을 긁어내고

자른 것이 남았으면 안에 든 씨나 주변 섬유질을 깔끔하게 긁어내세요. 그리고 키친타월에 싼 다음 랩으로 다시 단단히 싸서 채소실에 넣으세요.

보존법 1

🔲 **냉장**

모양	잘라서
기간	5일
장소	채소실

식초 물에 담가 변색을 막도록

연근

이 성분에 주목!

비타민C	48mg
칼륨	440mg
식이섬유	2.0g
100g당 66kcal	

피부에 좋은 비타민C, 염분 배출을 촉진하는 칼륨이 풍부해요. 찐득거리는 성분은 단백질인 뮤신으로 위 점막을 보호합니다.

제철달력

1 2 **3** 4 5 **6 7 8 9** 10 **11 12** 월

햇연근

선택 방법

✔ **이곳을 체크!**
표면에 상처나 얼룩이 없고 구멍 크기가 엇비슷한 것이 좋은 상품이에요.

✔ **이곳을 체크!**
통통하고
묵직한 것이
맛있어요.

✔ **이곳을 체크!**
껍질이 새하얀 것은
표백한 것이므로 피하세요.

잘라서 파는 것은 이곳을 체크!
구멍 안이 까맣게 되지 않았는지 확인하세요. 절단면이 하얀 것이 신선해요.

보존법 1

🌡 **상 온**

모양	통째로
기간	2~3일
장소	통풍이 잘 되는 냉암소

신문지로 싸서

1개를 통째로 신문지로 싸서 바구니 등에 넣으세요.

랩을 밀착시켜 비닐백에

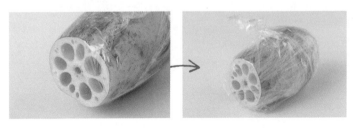

자른 것은 절단면을 중심으로 랩을 밀착시켜 싼 뒤 비닐백에 담으세요. 흙이나 줄기가 붙은 것은 젖은 키친타월로 싸고 비닐백에 넣어 냉장실이나 채소실에 넣으세요.

보존법 2

 냉 장

모양	●통째로 ●잘라서
기간	●통째로 : 1주일 ●잘라서 : 4~5일
장소	채소실, 냉장실

반달썰기하여 보존백에 가지런히

껍질을 벗겨 식초 물에 담갔다가 반달썰기하세요. 물기를 모두 빼고 냉동용 보존백에 담아 냉동실에 넣습니다. 이때 최대한 공기를 빼서 입구를 봉해야 합니다.

보존법 3

❄ 냉동

모양	반달썰기
기간	1개월
해동 방법	언 상태로 조리

속을 깔끔하게 긁어내 채소실에 보존

여주

이 성분에 주목!		껍질이 두꺼워 가열해도 비타민C의 손실이 비교적 적어요. 쓴맛을 내는 성분인 쿠쿨비타신에는 식욕을 불러일으키는 효과가 있습니다.
베타카로틴	210μg	
엽산	72μg	
비타민C	76mg	
100g당 17kcal		

제철달력

1 2 3 4 5 ⑥ ⑦ ⑧ 9 10 11 12 월

✔ **이곳을 체크!**
탄력 있고 돌기 모양이 또렷한 것이 맛있어요.

✔ **이곳을 체크!**
무게감이 느껴지고 두께가 균일한 것은 품질이 좋아요.

✔ **이곳을 체크!**
전체적으로 녹색이 선명하고 변색 없는 것이 좋은 상품이에요.

안쪽 섬유질은 쓴맛이 강하므로 제거하고 드세요.

◀ **선택 방법**

보존법

🔲 냉장

모양	반으로 잘라서
기간	1주일
장소	채소실

속을 긁어내고 키친타월로 싸서

세로로 반을 잘라 숟가락 같은 것으로 씨와 섬유질을 깨끗하게 긁어내세요. 키친타월로 싸서 보존백에 담아 채소실에 넣습니다.

주키니호박

제철달력

1 2 3 4 5 **6 7 8** 9 10 11 12 월

이 성분에 주목!	
베타카로틴	320µg
비타민C	20mg
칼륨	320mg
100g당 14kcal	

베타카로틴이 비타민C의 산화를 막아 효율적으로 면역력 강화를 이루게 합니다. 칼륨 외에 아연이나 비타민K도 풍부해요.

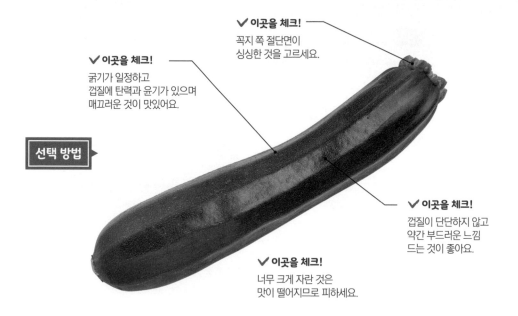

선택 방법

✔ **이곳을 체크!**
꼭지 쪽 절단면이
싱싱한 것을 고르세요.

✔ **이곳을 체크!**
굵기가 일정하고
껍질에 탄력과 윤기가 있으며
매끄러운 것이 맛있어요.

✔ **이곳을 체크!**
껍질이 단단하지 않고
약간 부드러운 느낌
드는 것이 좋아요.

✔ **이곳을 체크!**
너무 크게 자란 것은
맛이 떨어지므로 피하세요.

신문지로 싸서 비닐백에

1개를 통째로 보존할 경우에는 신문지로 싸고 비닐백에 담아 채소실에 넣으세요.

냉장	보존법 1
모양	통째로
기간	4~5일
장소	채소실

살짝 데쳐서 보존백에

씻어서 동글썰기한 뒤 살짝 데친 다음 금속 쟁반에 겹치지 않게 얹어 급랭시키세요. 단단히 얼었으면 냉동용 보존백에 담아 냉동실에 보존합니다.

냉동	보존법 2
모양	동글썰기
기간	1개월
해동방법	언상태로 조리

저온이나 건조에 약하지만 절임으로 보존할 수도

가지

제철달력

1 2 3 4 5 ⑥ ⑦ ⑧ ⑨ 10 11 12 월

이 성분에 주목!		염분 배출을 촉진하고 혈
베타카로틴	100μg	압을 안정시키는 칼륨이
칼륨	220mg	풍부해요. 껍질에는 나스
비타민K	10μg	닌이라는 항산화 성분이
100g당 22kcal		많이 들어 있습니다.

✔ 이곳을 체크!
꼭지 절단면에 변색이 없고
꽃받침 끝이 뾰족하게
살아 있는 것이 신선해요.

✔ 이곳을 체크!
들어봤을 때
무게감 있는 것이
맛있어요.

✔ 이곳을 체크!
좋은 상품일수록
껍질이 짙은 보라색이고
탄력과 윤기가 있어요.

✔ 이곳을 체크!
상처나 주름, 변색 있는
것은 피하세요.

선택 방법

신선한 것은 몸통에
탄력이 있어요.

보존법 1

🌡 **상온**

모양	통째로
기간	1~2일
장소	통풍이 잘 되는 냉암소

신문지에 싸서
냉암소에

사오는 즉시 신문
지에 싸서 통풍이
잘 되는 냉암소에
보관하세요.

여름에는
채소실에 보존

여름에는 하나씩 랩이
나 신문지 등으로 싼 다
음 세워 채소실에서 보존
합니다. 저온에 약하므로
너무 차가워지지 않도록
주의하세요.

보존법 2

🗄 **냉장**

모양	통째로
기간	1주일~10일
장소	채소실

동글썰기나
막썰기해서 보존

물로 씻어 동글썰기나 막썰기 등 사
용하기 편리한 크기로 자르세요. 다
시 물에 담가 쓴맛을 빼고 물기를 제
거한 다음 냉동용 보존백에 담아 냉
동실에 넣으세요.

보존법 3

❄ **냉동**

모양	동글썰기, 막썰기 등
기간	1개월
해동 방법	언 상태로 조리

61 ·

한 통을 통째로 신문지로 싸두면
오래 보존 가능

배추

이 성분에 주목!

비타민C	19mg
칼륨	220mg
칼슘	43mg
100g당 14kcal	

수분이 많고, 저칼로리여
서 다이어트용 식재료로
좋습니다. 한 통을 통째
로 사서 냉동 보존하면서
먹을 것을 추천합니다.

제철달력

1 2 3 4 5 6 7 8 9 10 11 12 월

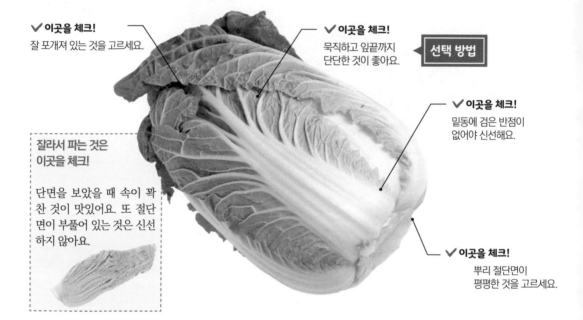

✔**이곳을 체크!**
잘 포개져 있는 것을 고르세요.

✔**이곳을 체크!**
묵직하고 잎끝까지
단단한 것이 좋아요.

▶ **선택 방법**

✔**이곳을 체크!**
밑동에 검은 반점이
없어야 신선해요.

**잘라서 파는 것은
이곳을 체크!**

단면을 보았을 때 속이 꽉
찬 것이 맛있어요. 또 절단
면이 부풀어 있는 것은 신선
하지 않아요.

✔**이곳을 체크!**
뿌리 절단면이
평평한 것을 고르세요.

신문지로 싸서 세워서 보존

보존법 1

🌡 **상온**

모양	통째로
기간	1개월
장소	통풍이 잘 되는 냉암소

한 통을 통째로 사왔으면 바로
신문지로 싸서 통풍이 잘 되는
냉암소에 세워서 보관하세요.

**사용하기 좋은 크기로
썰어 보존백에**

보존법 2

❄ **냉동**

모양	숭덩숭덩 썰기 등
기간	1개월
해동 방법	언상태로 조리

먹기 좋은 크기, 요리하기 좋은
크기로 썰어 냉동용 보존백에
담아 공기를 잘 뺀 다음 입구를
봉하도록 합니다.

자른 것은 랩으로 잘 싸야

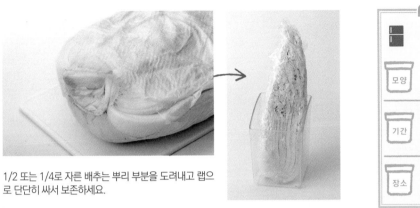

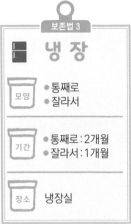

냉 장

모양	● 통째로 ● 잘라서
기간	● 통째로 : 2개월 ● 잘라서 : 1개월
장소	냉장실

1/2 또는 1/4로 자른 배추는 뿌리 부분을 도려내고 랩으로 단단히 싸서 보존하세요.

사용하고 남은 것은 뿌리 쪽을 도려내고 보존

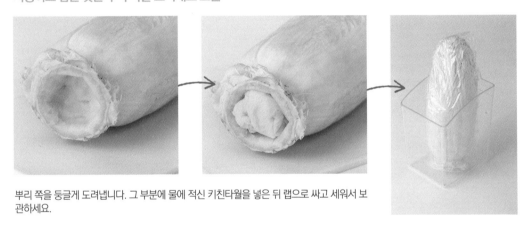

뿌리 쪽을 둥글게 도려냅니다. 그 부분에 물에 적신 키친타월을 넣은 뒤 랩으로 싸고 세워서 보관하세요.

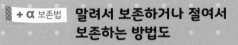

+α 보존법   말려서 보존하거나 절여서 보존하는 방법도

배추는 냉장이나 냉동하는 방법 외에도 말리거나 절이는 등 다양한 보존법이 있어요. 잎 한 장씩은 반나절, 1/4 쪽은 며칠 간 **소쿠리에 얹어 햇볕에 말리면 배추의 단맛이 한결 높아지지요.** 이를 된장국이나 볶음 등에 사용하면 좋아요.
또 겉절이나 김치 등으로 절여서 보존하는 것도 가능하지요. 절임에 쓰려면 물로 잘 씻어야 한다는 것을 잊으면 안 됩니다.

통째로 보존하거나 냉동 보존도 가능

양배추

제철달력

| 1 | **2** | **3** | **4** | **5** | 6 | **7** | **8** | 9 | 10 | **11** | **12** | 월 |

봄
양배추

여름
양배추

겨울
양배추

이 성분에 주목!

베타카로틴	50㎍
비타민C	41mg
칼슘	43mg
100g당 23kcal	

베타카로틴은 겉잎에, 비타민C는 겉잎과 심지에 많아요. 위점막을 보호하는 비타민U도 들어 있습니다.

✔ **이곳을 체크!**
잎이 탄탄하게 포개져 있는 것이 좋은 상품이에요.

선택 방법

✔ **이곳을 체크!**
들었을 때 무게감 있는 것이 맛있어요.

잘라서 파는 것은 이곳을 체크!
뿌리 절단면이 촉촉하고 갈라진 곳이 없어야 신선해요.

✔ **이곳을 체크!**
겉잎의 녹색이 짙고 윤기 있는 것이 신선도가 좋아요.

봄 양배추 고르는 방법
잎이 폭신한 느낌으로 포개져 있고 가벼운 것이 맛있어요.

원포인트

뿌리 도려내기

양배추는 건조에 약한 채소예요. 통째로 보존하는 효과적인 방법은 **칼끝으로 뿌리를 도려내고 그 부분에 젖은 키친타월을 채워두는 것이지요.** 그리고 양배추를 꺼내 쓸 때마다 키친타월을 교체해주면 신선함이 더 오래갑니다. 이런 경우, 양배추는 겉잎부터 사용하도록 하세요.

뿌리는 단단하기 때문에 식칼을 힘껏 쑤셔 넣어야 도려낼 수 있어요. 삼각형이나 사각형으로 칼집을 넣은 뒤 들어내세요.

젖은 키친타월로 도려낸 자리를 메우세요.

+α 보존법

살짝 절여 맛있게 먹을 수 있도록

작은 크기로 숭덩숭덩 썰어서 **소금을 가볍게 뿌리고 몇 시간 정도 두면 바로 먹을 수 있어요.** 이렇게 소금으로 절이는 등의 방법을 활용하면 한 통을 사더라도 처치 곤란할 일은 생기지 않아요.

겨울에는 한 통을 통째로 신문지에 싸서

겨울에는 상온 보존이 가능하므로 한 통을 통째로 신문지에 싸서 통풍이 잘 되는 냉암소에 두세요.

보존법 1

상온

모양	통째로
기간	3~4일
장소	통풍이 잘 되는 냉암소

여름에는 한 통을 통째로 비닐백에 넣어서

여름에는 냉장 보존이 기본이에요. 뿌리를 도려내고(도려내는 법은 62쪽 하단 참조), 그 부분을 젖은 키친타월로 메운 다음 비닐백에 담아 채소실에 넣으세요.

자른 것은 랩으로 잘 싸서

자른 것을 샀을 때는 절단면을 랩으로 단단히 싸서 냉장실에 넣으세요.

보존법 2

냉장

모양	● 통째로 ● 잘라서
기간	● 통째로 : 2주일 ● 잘라서 : 10일
장소	채소실, 냉장실

양배추의 자른 면에 공기가 닿지 않도록!

양배추의 자른 면이 검게 변하는 원인은 산화 때문입니다. 자른 면부터 산화하여 거무스름해지기 시작하지요. 산화를 막으려면 가능한 한 자른 면에 공기가 닿지 않도록 하는 게 중요해요.

이때 자른 면에 랩을 꼼꼼하게 붙이고 비닐백이나 보존백에 넣으면 좋아요. 또 냉동시키면 채소의 세포도 얼어 버리기 때문에 산화하지 않아요. 산화를 막으려면 냉동 보존도 좋은 방법이랍니다.

사용하기 좋은 크기로 썰어 보존백에

숭덩숭덩 썰기 등 사용하기 좋은 크기로 썰고 냉동용 보존백에 담아 공기를 뺀 다음 냉동실에 넣으세요.

보존법 3

냉동

모양	숭덩숭덩 썰기 등
기간	1개월
해동 방법	냉장 해동, 언 상태로 조리

뿌리를 적셔 두면 싱싱함이 오래

양상추

제철 달력

| 1 | 2 | 3 | **4** | **5** | **6** | **7** | **8** | **9** | 10 | 11 | 12 | 월 |

봄   여름
양상추 양상추

이 성분에 주목!

베타카로틴	240μg
비타민C	5mg
칼륨	200mg
100g당 12kcal	

심지를 자를 때 나오는 하얀 액체는 씁쓸한 맛의 락투코피크린이라는 성분으로 수면을 유도하거나 진정시키는 효과가 있어요.

✔ **이곳을 체크!**
녹색이 너무 옅지 않고 푹신한 느낌으로 말려 있는 것은 품질이 좋아요.

✔ **이곳을 체크!**
잎에 탄력이 있고 촉촉해 보이는 것이 신선도가 높아요.

선택 방법

✔ **이곳을 체크!**
들어봤을 때 보기보다 무거운 느낌이 드는 것이 좋은 상품이에요.

여기를 체크!
뿌리 자른 면의 크기가 백 원짜리 동전만하고 흰 색인 것이 신선해요.

뿌리에 젖은 키친타월을 붙여 비닐백에

보존법 1

🧊 냉 장

모양	통째로
기간	10일~2주일
장소	채소실

통째로 보존할 경우에는 젖은 키친타월을 뿌리 부분에 붙이고, 뿌리를 아래로 하여 비닐백에 담아 채소실에 넣으세요.

뜯어서 보존백에 담아

보존법 2

❄ 냉 동

모양	뜯어서
기간	1개월
해동방법	언상태로 조리

냉동할 경우에는 잎을 한 장씩 씻은 다음 물기를 빼고 손으로 뜯으세요. 냉동용 보존백에 담아 공기를 뺀 뒤 입구를 막고 냉동실에 넣으세요.

개봉하지 않았다면 봉지째로 냉동실에

숙주

제철달력

1년 내내

선택 방법

이 성분에 주목!

비타민C	8mg
칼륨	69mg
식이섬유	1.3g
100g당 14kcal	

발아를 통해 콩일 때보다 비타민C가 늘어납니다. 낮은 칼로리이면서도 공복감을 막아 다이어트에 효과적이에요.

✔ **이곳을 체크!**
색이 하얗고 굵고
짧은 것이 맛있어요.

✔ **이곳을 체크!**
투명하면서 뿌리수염이
변색하지 않은 것이
신선도가 높아요.

✔ **이곳을 체크!**
줄기가 부러지거나
시들지 않은 것을 고르세요.

✔ **이곳을 체크!**
끝이 야무진 것이
좋은 상품이에요.

개봉했다면 비닐백에

보존법 1

냉장

모양	그대로
기간	2~3일
장소	냉장실, 채소실

사용하다 남은 숙주는 포장비닐에서 비닐백으로 옮겨 담은 후 잘 밀봉해서 냉장실이나 채소실에 넣으세요. 숙주는 원래 보존에 적합하지 않은 식재료이므로 며칠 내로 빨리 먹도록 합니다.

물기를 확실히 빼서 보존백에

보존법 2

냉동

모양	그대로
기간	1개월
해동방법	언상태로 조리

개봉한 숙주는 씻어서 물기를 뺀 다음 냉동용 보존백에 담으세요. 공기를 잘 뺀 다음 냉동실에 넣습니다. 개봉하지 않았다면 그대로 냉동실에 보존해도 됩니다.

보통 양파는 상온, 햇양파나 자색양파는 냉장

양파

제철달력

1 2 3 (4 5) 6 7 8 9 10 11 12 월

햇양파

이 성분에 주목!

비타민B₆	0.16mg
비타민C	8mg
칼륨	150mg
100g당 37kcal	

매운맛을 느끼게 하는 황화아릴 성분이 당질 대사를 돕는 비타민B₆의 효과를 지속시켜 피로회복을 이끌어 줍니다.

✔ **이곳을 체크!**
껍질이 잘 말랐고
투명한 갈색에 윤기 있는 것이
좋은 상품이에요.

✔ **이곳을 체크!**
머리 부분이 시든 것이
완숙 상태로, 단맛을 나게 해요.

◀ **선택 방법**

✔ **이곳을 체크!**
묵직하고 공 모양에
가까울수록 품질이 좋아요.

✔ **이곳을 체크!**
싹이 난 것은 피하세요.
만약 그런 것을 샀다면
반드시 싹을 제거하고 먹어야 해요.

✔ **이곳을 체크!**
껍질에서 녹색이 보이는 것은
아직 덜 자란 것이므로 피하세요.

그물망에 담아 통풍이 잘 되는 곳에

세탁망 같은 그물망에 넣어 통풍이 잘 되는
냉암소에 두세요. 또는 양파망에 넣은 채로
통풍이 잘 되고 직사광선이 닿지 않는 곳에
걸어둡니다.

바구니에 담아 냉암소에

그물망에 넣을 수 없는 경우에는 통풍이 잘
되는 바구니에 담아 냉암소에 둡니다.

보존법 1

상온

모양	통째로
기간	2개월
장소	통풍이 잘 되는 냉암소

남은 것은 공기에 닿지 않게 랩으로 잘 싸서

쓰다남은 양파는 절단면을 랩으로 꼼꼼하게 덮어 공기에 닿지 않도록 하여 채소실에 넣으세요.

햇양파나 자색 양파는 비닐백에

햇양파나 자색 양파는 통째로 비닐백에 넣어 냉장실에 보존합니다.

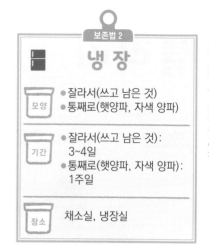

보존법 2

냉장

모양	● 잘라서(쓰고 남은 것) ● 통째로(햇양파, 자색 양파)
기간	● 잘라서(쓰고 남은 것): 3~4일 ● 통째로(햇양파, 자색 양파): 1주일
장소	채소실, 냉장실

날것은 쓰기 좋은 크기로 잘라 랩으로 싸서

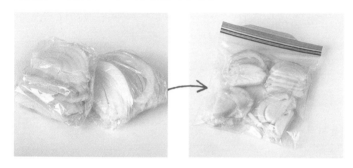

생양파는 얇게 썰기나 잘게 썰기 등 쓰기 좋은 크기로 썰어 적당한 분량으로 나누어 랩으로 싸세요. 랩에 싼 다음 냉동용 보존백에 담아 냉동실에 넣습니다.

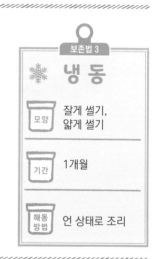

보존법 3

냉동

모양	잘게 썰기, 얇게 썰기
기간	1개월
해동 방법	언 상태로 조리

살짝 볶아서 냉동하도록

얇게 썬 양파를 투명한 갈색이 날 때까지 볶으세요. 열이 식으면 랩으로 나눠 싸서 냉동용 보존백에 담아 냉동실에 넣으세요.

구입 후 바로 잎과 줄기를 나눠서 보존

셀러리

제철달력

1 2 3 **4** 5 6 7 8 9 10 **11 12** 월

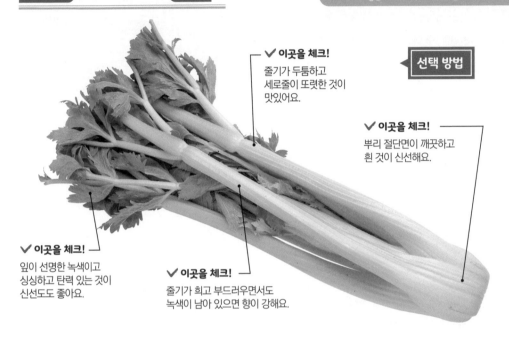

선택 방법

✔ **이곳을 체크!**
줄기가 두툼하고
세로줄이 또렷한 것이
맛있어요.

✔ **이곳을 체크!**
뿌리 절단면이 깨끗하고
흰 것이 신선해요.

✔ **이곳을 체크!**
잎이 선명한 녹색이고
싱싱하고 탄력 있는 것이
신선도도 좋아요.

✔ **이곳을 체크!**
줄기가 희고 부드러우면서도
녹색이 남아 있으면 향이 강해요.

잎과 줄기를 각각 키친타월로 싸서

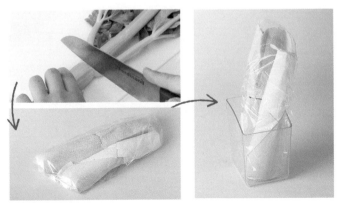

보존법 1

냉장

모양	통째로
기간	1주일
장소	채소실

잎과 줄기를 잘라 따로따로 키친타월로 싸서 냉장용 보존백에 담아 채소실에 세워 보존하세요. 냉장실 도어포켓에 넣어도 됩니다.

[잎]
잎은 잘게 썰어서.
언 상태로 조리 가능

[줄기]
줄기는 심을 제거하고
얇게 썰어서

잎은 잘게 썰어 냉동용 보존백에 담아 공기를 뺀 다음 냉동실에 넣으세요. 보존백에 든 그대로 손으로 비벼 부셔서 사용해도 됩니다.

줄기는 세로 심을 제거하고 얇게 썰어 냉동용 보존백에 담으세요. 공기를 뺀 다음 냉동실에 넣으면 됩니다.

❄ 냉동 보존법 2	
모양	●잎 : 잘게 썰기 ●줄기 : 얇게 썰기
기간	1개월
해동 방법	언 상태로 조리

쌀겨 및 붉은 고추와 함께 물에 데쳐서

죽순

이 성분에 주목!

단백질	3.6g
칼륨	520mg
식이섬유	2.8g
100g당 26kcal	

아미노산이 많아 감칠맛이 강해요. 식이섬유인 셀룰로오스가 풍부하지요. 데쳐도 칼륨이 그다지 줄지 않는다는 것도 포인트입니다.

제철달력

1 2 3 ④ ⑤ 6 7 8 9 10 11 12 월

✔ 이곳을 체크!
신선한 것은 끝이 노랗고
꽉 오므라져 있어요.

◀ 선택 방법

✔ 이곳을 체크!
껍질에 윤기 있는 것이
좋은 상품이에요.

✔ 이곳을 체크!
심에 검은 반점이 없는
것은 신선도가 높아요.

✔ 이곳을 체크!
자그마하고 통통한 것은
맛이 좋아요.

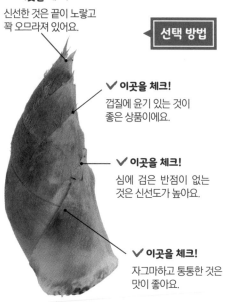

데쳐서 보존용기에 담고
매일 물을 갈아주도록

껍질이 붙은 상태로 뾰족한 쪽을 크게 어슷썰기하세요. 그것에 다시 세로로 칼집을 넣은 뒤 쌀겨 한 줌과 붉은 고추를 큰 솥에 넣고 물로 삶으세요.
물이 끓으면 약불로 줄여 40분~1시간 정도 삶다가 뿌리 쪽에 젓가락이 들어갈 정도가 되면 불을 끕니다. 그 상태로 식힌 뒤 칼집을 따라 껍질을 벗기고 보존용기에 물과 함께 담아 채소실에 넣으세요. 물은 매일 갈아주도록 합니다.

냉장 보존법	
모양	통째로
기간	1주일
장소	채소실

되도록 빨리 삶고 뜨거울 때 랩으로 싸서

옥수수

제철달력

1 2 3 4 5 **6 7 8 9** 10 11 12 월

이 성분에 주목!		알갱이의 배아 부분에는
탄수화물	16.8g	비타민B군이나 칼륨 같
비타민B₁	0.15mg	은 미네랄이 풍부해요.
식이섬유	3.0g	식이섬유도 많아서 변비
100g당 92kcal		예방과 개선에도 좋아요.

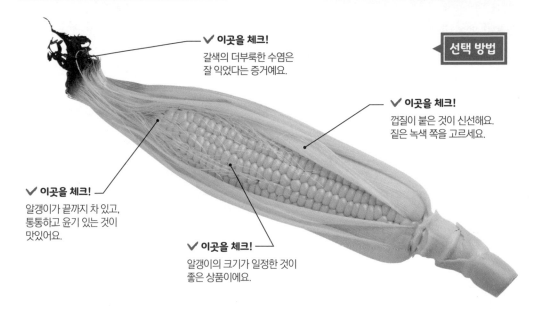

선택 방법

✔ **이곳을 체크!**
갈색의 더부룩한 수염은
잘 익었다는 증거예요.

✔ **이곳을 체크!**
껍질이 붙은 것이 신선해요.
짙은 녹색 쪽을 고르세요.

✔ **이곳을 체크!**
알갱이가 끝까지 차 있고,
통통하고 윤기 있는 것이
맛있어요.

✔ **이곳을 체크!**
알갱이의 크기가 일정한 것이
좋은 상품이에요.

삶아서 뜨거울 때 랩으로 싸서

옥수수는 수확하자마자 영양가가 떨어지므로 구하는 대로 삶는 것이 중요해요. 뜨거운 상태에서 랩으로 싸고 식힌 다음 냉장용 보존백에 담아 냉장실에 넣으세요.

보존법 1

冷 냉장

모양	통째로 삶아서
기간	1주일
장소	채소실

3~4cm크기로 동글썰기해서 보존백에

딱딱함이 좀 남은 정도로 삶은 뒤 3~4cm 크기로 동글썰기해서 냉동용 보존백에 나란히 담으세요. 공기를 잘 뺀 다음 입구를 봉하고 냉동실에 넣으세요.

보존법 2

❄ 냉동

모양	삶은 뒤 동글썰기
기간	1개월
해동 방법	냉장 해동, 언상태로 조리

냉장·냉동뿐 아니라 절임이나 피클로도 가능

오이

제철달력

1 2 3 4 **5 6 7 8** 9 10 11 12 월

이 성분에 주목!

베타카로틴	330μg
비타민C	14mg
칼륨	200mg
100g당 14kcal	

수분, 칼륨, 비타민C가 많아 더울 때 열사병 방지에 좋아요. 베타카로틴은 녹색 부분에 많습니다.

선택 방법

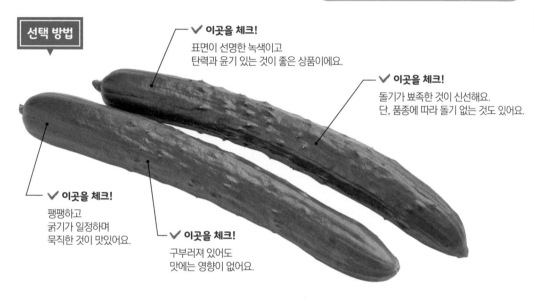

✔ **이곳을 체크!**
표면이 선명한 녹색이고 탄력과 윤기 있는 것이 좋은 상품이에요.

✔ **이곳을 체크!**
돌기가 뾰족한 것이 신선해요. 단, 품종에 따라 돌기 없는 것도 있어요.

✔ **이곳을 체크!**
팽팽하고 굵기가 일정하며 묵직한 것이 맛있어요.

✔ **이곳을 체크!**
구부러져 있어도 맛에는 영향이 없어요.

비닐백에 옮겨 세워서

보존법 1

❄ **냉장**

모양	그대로
기간	1주일
장소	채소실

비닐백에 넣어 채소실에 세워 두세요. 저온에 약하므로 너무 찬 곳에 두지 않아야 합니다. 생육 상태처럼 세워서 보존하는 것이 가장 좋아요.

동글썰기해서 소금을 뿌리고 랩으로 싸서

보존법 2

❄ **냉동**

모양	얇게 동글썰기 (소금 절임)
기간	2~3주일
해동방법	냉장 해동 (반해동)

얇게 동글썰기해서 소금을 뿌리고 가볍게 뒤섞어요. 부드러워지면 물에 씻고 물기를 짠 다음 랩으로 나눠 싸서 냉동실에 넣습니다.

흙 묻은 우엉이라면 장기 보존 가능

우엉

제철달력

1 2 3 **4 5 6** 7 8 9 10 **11 12** 월

햇우엉

이 성분에 주목!		장 건강에 도움 주는 식
칼륨	320mg	이섬유가 풍부해 변비 개
마그네슘	54mg	선에 추천합니다. 껍질
식이섬유	5.7g	에는 항산화 작용을 하는
100g당 65kcal		폴리페놀이 들어 있어요.

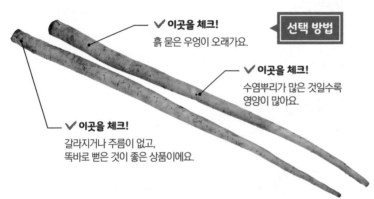

✔ 이곳을 체크!
흙 묻은 우엉이 오래가요.

선택 방법

✔ 이곳을 체크!
수염뿌리가 많은 것일수록
영양이 많아요.

✔ 이곳을 체크!
갈라지거나 주름이 없고,
똑바로 뻗은 것이 좋은 상품이에요.

✔ 이곳을 체크!
너무 굵은 것은 '바람 든' 것일 수도
있으므로 피하세요.

보존법 1

🌡 상온

모양	통째로
기간	1개월
장소	냉암소

**흙 묻은 상태라면
신문지에 말아서**

흙 묻은 상태라면 포장지에서
꺼내 신문지에 말아 냉암소에
보관해요. 흙이 묻어 있는 우
엉이 더 오래간답니다.

**채소실에 들어갈
길이로 잘라 세워서**

씻은 우엉은 채소실에 들어갈
만한 길이로 잘라 랩으로 싼 뒤
세워서 채소실에 넣으세요.

보존법 2

🧊 냉장

모양	통째로 (씻은 우엉)
기간	5일~1주일
장소	채소실

**엇비슷이 썰기하고
보존백에 펴서 담아**

엇비슷이 썰어서 물에 담가 떫은맛
을 빼세요. 물기를 제거하고 냉동용
보존백에 되도록 평평하게 펴서 담
은 다음 냉동실에 넣으세요.

보존법 3

❄ 냉동

모양	엇비슷이 썰기
기간	1개월
해동 방법	언 상태로 조리

썰어서 냉동하면 그대로 고명으로 쓸 수 있어

차조기

제철달력

1 2 3 4 5 6 7 8 9 10 11 12 월

적차조기　청차조기

이 성분에 주목!

베타카로틴	11000μg
비타민B₂	0.34mg
비타민C	26mg
	100g당 37kcal

베타카로틴, 비타민C, 향 성분의 페리라알데히드가 함유되어 있어요. 무엇보다 항산화 작용이 기대됩니다.

선택 방법

✔ **이곳을 체크!**
잎에 힘이 있고 싱싱하게 보이는 녹색을 띠면 맛있어요.

✔ **이곳을 체크!**
절단면에 변색 없는 것이 신선해요.

✔ **이곳을 체크!**
향이 강한 것이 좋은 상품이에요.

✔ **이곳을 체크!**
잎에 반점이 있는 것은 신선도가 떨어지므로 피하세요.

키친타월로 싸서 보존백에

🔲 냉장

모양	통째로
기간	5일~1주일
장소	채소실

젖은 키친타월에 잎을 하나씩 싸서 냉장용 보존백에 담으세요. 공기를 잘 빼고 입구를 막아 채소실에 넣으세요.

쓰기 편한 크기로 썰어 보존백에

❄ 냉동

모양	●숭덩숭덩 썰기 ●잘게 썰기
기간	1~3개월
해동 방법	언 상태로 조리

숭덩숭덩 썰기나 잘게 썰기 등 자주 쓰는 크기로 썰어 냉동용 보존백에 담아 냉동실에 넣으세요. 언 것은 그대로 부숴서 고명이나 요리 장식에 쓰면 됩니다.

갈아두면 냉동 보존도 가능

생 강

제철달력

1 2 3 4 5 **6 7 8** 9 10 11 12 월

이 성분에 주목!		망간은 체내 항산화 효소를
칼륨	270mg	활성화해 노화 방지에 도움
마그네슘	27mg	을 주어요. 매운맛을 내는
망간	5.01mg	진저롤 성분은 몸을 따뜻하
100g당 30kcal		게 해주는 효과가 있습니다.

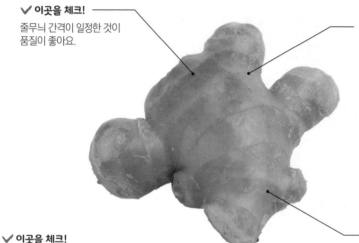

✔ **이곳을 체크!**
줄무늬 간격이 일정한 것이
품질이 좋아요.

✔ **이곳을 체크!**
통통하고 단단하며,
탄력과 윤기 있는 것이 맛있어요.

선택 방법

✔ **이곳을 체크!**
쭈그러든 것은 신선도가 떨어지므로 피하세요.

✔ **이곳을 체크!**
표면에 광택이 있고
흠집 적은 것이 좋은 상품이에요.

실험실 보고서!

10일간 [냉장] 보존 대결!

Ⓐ 마른 키친타월 + 랩
Ⓑ 젖은 키친타월 + 랩

젖은 키친타월로 싼 생강과 마른 키친타월로 싼 생강, 10일 뒤에 각각
어떤 변화가 일어나는지 실험해 보았어요.
보거나 만져 보았을 때는 별 차이를 느낄 수 없었지만, 잘라 보니 변화가
보였습니다! **마른 키친타월로 싼 생강 Ⓐ의 단면은 부석부석했고 바람이 들
어 있었어요.** 그런 상태의 생강은 식감이 나빠지고 풍미도 떨어집니다.

키친타월과 랩으로 싸서

보존법 1

냉장

모양 | 통째로

기간 | 1~2주일

장소 | 채소실

젖은 키친타월로 싼 다음 랩으로 싸서 채소실에 넣으세요.

갈고 랩으로 나눠 싸서

보존법 2

냉동

모양 | ● 갈기 ● 잘게 썰기 ● 채썰기

기간 | 1개월

해동방법 | 언 상태로 조리

갈아서 1회 분량씩 나눠 랩으로 싸고 냉동용 보존백에 담아 냉동실에 넣으세요. 언 상태로 써도 됩니다.

잘게 썰거나 채로 썬 것도 랩으로

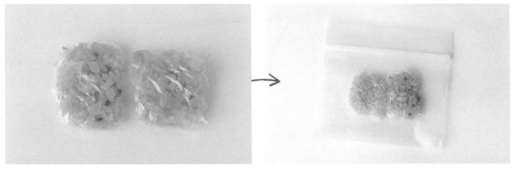

잘게 썰거나 채로 썬 것도 냉동 가능해요. 1회 분량씩 나눠 랩으로 싸서 냉동용 보존백에 담아 냉동실에 넣습니다. 언 상태로 요리에 사용할 수 있어요.

오일이나 간장에 절이는 등 보존 범위가 넓어

마늘

* 그물망에 넣어 통풍이 잘 되는 냉암소에 걸어두면
한 달은 상온 보존이 가능해요.

이 성분에 주목!		강한 향을 내게 하는 알
단백질	6.4g	리신은 당질 대사를 돕는
비타민B₁	0.19mg	비타민B₁의 흡수와 효과
칼륨	510mg	를 높여서 피로회복에 효
100g당 136kcal		과적입니다.

제철달력

1 2 3 4 **5 6 7** 8 9 10 11 12 월

선택 방법

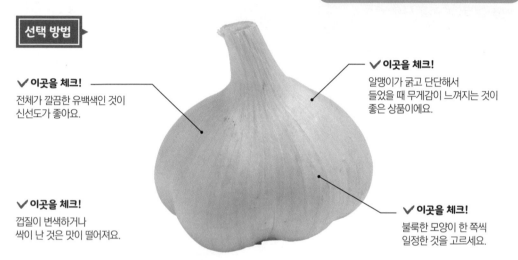

✔ 이곳을 체크!
전체가 깔끔한 유백색인 것이
신선도가 좋아요.

✔ 이곳을 체크!
알맹이가 굵고 단단해서
들었을 때 무게감이 느껴지는 것이
좋은 상품이에요.

✔ 이곳을 체크!
껍질이 변색하거나
싹이 난 것은 맛이 떨어져요.

✔ 이곳을 체크!
불룩한 모양이 한 쪽씩
일정한 것을 고르세요.

통째 키친타월로 싸서

건조를 막기 위해 껍질을 벗기
지 않고 키친타월로 싸서 냉장
용 보존백에 담아 냉장실에 넣
으세요.

한 쪽씩 키친타월로 싸서

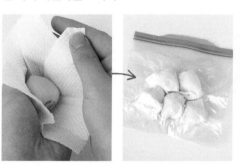

쓰고 남은 것이 있으면 한 쪽씩 각각 키친타월로 싸서 냉장용
보존백에 담아 냉장실에 보관하세요.

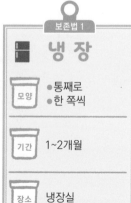

보존법 1

냉장

모양	● 통째로 ● 한 쪽씩
기간	1~2개월
장소	냉장실

· 78

한 쪽씩 랩으로 싸서

속껍질을 벗기고 하나하나 랩으로 싸서 냉동용 보존백에 담아 냉동실에 넣으세요. 사용할 때는 냉장실로 옮겨 해동합니다.

얇게 썰기나 잘게 썰기 했으면 나눠서

얇게 썰기나 잘게 썰기 했다면 랩으로 나눠 싸서 냉동용 보존백에 담아 냉동실에 넣습니다. 사용할 때는 언 상태로 써도 좋아요.

보존법 2

❄ **냉동**

모양	● 한 쪽씩 ● 얇게 썰기, 잘게 썰기
기간	1개월
해동 방법	냉장 해동, 언 상태로 조리

통째로 냉동해도 되고, 해동 없이 갈아도 되고

고추냉이

제철 달력

1 **2** **3** 4 5 6 7 8 9 10 **11** **12** 월

이 성분에 주목!

비타민B₂	0.15mg
비타민C	75mg
칼슘	100mg
100g당 88kcal	

코끝을 찡하게 하는 향을 만드는 이소티오시안산 아릴이 항균 작용을 해요. 먹기 직전에 가는 것이 제일 좋습니다.

✔ **이곳을 체크!**
끝이 다소 연한 녹색인 것은 품질이 좋아요.

✔ **이곳을 체크!**
줄기까지 싱싱한 것이 맛있어요.

선택 방법

✔ **이곳을 체크!**
뿌리 끝에서 줄기 쪽까지 굵기가 일정하고 묵직한 것이 좋은 상품이에요.

보존법 1

🔲 **냉장**

모양	통째로
기간	1주일
장소	채소실

키친타월+랩으로 보존

젖은 키친타월로 싼 다음 그 위에 랩을 덮어 채소실에 보존합니다.

보존법 2

❄ **냉동**

모양	통째로
기간	1개월
해동 방법	언 상태로 조리

공기를 잘 빼서 보존

통째로 냉동용 보존백에 넣어 공기를 뺀 다음 냉동실에 넣으세요. 언 상태로 갈아서 쓰세요.

잎을 뜯어서 썰면 냉동 가능

파슬리

제철달력

1 2 ③ ④ 5 6 7 8 9 10 11 12 월

이 성분에 주목!	칼륨이나 칼슘, 철분 같
베타카로틴 7400㎍	은 미네랄과 식이섬유가
비타민K 850㎍	풍부해요. 잘게 썰면 드
비타민C 120mg	레싱이나 스튜에 잘 어울
100g당 43kcal	립니다.

선택 방법

✔ **이곳을 체크!**
잎이 가늘고 곱슬곱슬하며
탄력 있는 것이 좋아요.

✔ **이곳을 체크!**
잎 색깔이 진하고
줄기까지 선명한 녹색을
띤 것이 신선해요.

✔ **이곳을 체크!**
줄기가 싱싱하고 탄력 있는 것이
좋은 상품이에요.

보존법 1

🌡 상온

모양	통째로
기간	10일
장소	통풍이 잘 되는 냉암소

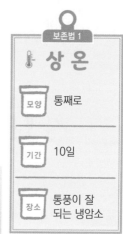

컵에 꽂아서
컵에 물을 담고 줄기를 아래로
세워두세요. 매일 물을 갈아주
는 것이 중요합니다.

**비닐백에 넣고
세워서**

잎쪽부터 비닐백으로 씌우고 세
워서 냉장실 또는 채소실에 보관
하세요.

보존법 2

냉장

모양	통째로
기간	1~2주일
장소	냉장실, 채소실

**잎을 잘게 썰어서
나누어 담아**

잎 부분을 잡아 잘게 썰으세요.
랩으로 1회 분량씩 나눠 냉동
용 보존백에 담아 냉동실에 넣
으세요. 나눠 담을 때 되도록
평평하게 펼쳐 놓습니다.

보존법 3

❄ 냉동

모양	잘게 썰어서 (잎만)
기간	1개월
해동 방법	언 상태로 조리

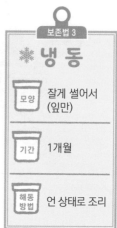

물에 담가 두면 상온 보존 가능

바질

제철 달력

1 2 3 4 5 6 **7 8** 9 10 11 12 월

이 성분에 주목!	
베타카로틴 6300μg	베타카로틴이 많아 강력한 항산화 작용을 해요.
칼슘 240mg	향을 내는 성분 리나롤은
철분 1.5mg	집중력을 높이고 긴장 완화에 효과적입니다.
100g당 24kcal	

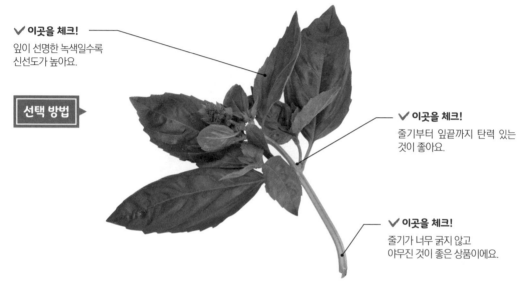

✔ 이곳을 체크!
잎이 선명한 녹색일수록
신선도가 높아요.

선택 방법

✔ 이곳을 체크!
줄기부터 잎끝까지 탄력 있는
것이 좋아요.

✔ 이곳을 체크!
줄기가 너무 굵지 않고
야무진 것이 좋은 상품이에요.

물에 담가서

보존법 1

🌡 상온

모양	통째로
기간	1~2일
장소	통풍이 잘 되는 냉암소

큰 그릇에 물을 담고 넣어두거나
물이 든 컵에 세워 두세요. 통풍
이 잘 되는 장소에 두고 물은 매
일 갈아줍니다.

키친타월로 싸서 비닐백에

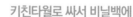

보존법 2

🧊 냉장

모양	통째로
기간	1주일
장소	채소실

키친타월로 싸서 비닐백에 담아
채소실에 넣으세요. 비닐백의 입
구는 단단히 막아야 합니다.

해동 없이 쓸 수 있는 편리한 채소

양하

이 성분에 주목!

엽산	25µg
칼륨	210mg
마그네슘	30mg
100g당 12kcal	

독특한 향을 내는 성분인 알파 피넨은 식욕 증진과 소화 촉진에 효과가 있어요. 매운 맛을 내는 것은 미오가디알로 항균 작용을 합니다.

제철달력

| 1 | 2 | 3 | 4 | 5 | **6** | **7** | **8** | 9 | 10 | **11** | 12 | 월 |

여름
양하

가을
양하

✓ 이곳을 체크!
자그마하고
오동통한 것이 맛있어요.

✓ 이곳을 체크!
끝이 잘 오므라져 있고
속이 단단한 것을 고르세요.

선택 방법

✓ 이곳을 체크!
끝이 벌어진 것, 부석부석한 것은
맛이 떨어지니 피하세요.

✓ 이곳을 체크!
윤기가 돌고 색도
선명한 것이 신선해요.

비닐백에 넣어

비닐백에 넣어 채소실에 보관
하세요.

보존법 1

▐ 냉장

모양	통째로
기간	3~4일
장소	채소실

그대로 냉동용 보존백에

통째로 냉동용 보존백에 넣어 냉동
실에 넣으세요. 언 상태로 자르거
나 조리할 수 있습니다. 토막 썰어
고명으로도 사용하세요.

보존법 2

❄ 냉동

모양	통째로
기간	3~4주일
해동방법	언 상태로 조리

건조와 한기를 피하면 1개월 상온 보존 가능

토 란

* 신문지로 싸 비닐백에 넣고 채소실에서 1주일 보존해요.

제철달력

1 2 3 4 5 6 7 8 **9 10 11 12** 월

이 성분에 주목!		감자 같으면서도 칼로리가
비타민C	6mg	낮아요. 갈락탄, 뮤신 등에
칼륨	640mg	의한 미끈미끈한 성분이 위
식이섬유	2,3g	점막을 보호하고 음식이 천
100g당 58kcal		천히 흡수되게 해줍니다.

선택 방법

✔ **이곳을 체크!**
무늬 간격이 고르고 흙 묻은 상태로 축축한 느낌이 드는 것이 좋은 상품이에요.

✔ **이곳을 체크!**
깔끔한 타원형으로 둥글고 굵은 것이 맛있어요.

✔ **이곳을 체크!**
무게감 있고 단단한 것을 고르세요.

✔ **이곳을 체크!**
끝이 붉고 부석부석한 것은 상하기 쉬우므로 피하세요.

✔ **이곳을 체크!**
너무 큰 것, 너무 작은 것, 모양이 일그러진 것은 맛이 떨어져요

신문지에 싸서

보존법 1

🌡 **상온**

모양	통째로
기간	1개월
장소	통풍이 잘 되는 냉암소

토란은 건조와 한기에 약하므로 신문지에 싸서 냉암소에 보존해요. 흙이 묻은 토란은 땅에 묻어 두면 좀더 오래갑니다.

동글썰기해서 보존백에

보존법 2

❄ **냉동**

모양	동글썰기
기간	1개월
해동 방법	언 상태로 조리

껍질을 벗기고 물에 담가 끈끈한 기운을 뺀 다음 동글썰기해서 냉동용 보존백에 담아 냉동실에 넣으세요. 겹치지 않게 넣는 것이 포인트입니다.

83 ·

가급적 상온에서 보존하고
사과를 넣어 발아를 억제!

감자

제철달력

1 2 3 4 **5 6 7** 8 **9 10 11 12** 월

햇감자

✔ **이곳을 체크!**
모양이 둥글게 되어 있고
무게감 있는 것은
맛이 좋아요.

✔ **이곳을 체크!**
껍질에 상처나 주름이 없고,
건조되어 있으며, 단단한 것이
좋은 상품이에요.

선택 방법

✔ **이곳을 체크!**
모양이 심하게 일그러진 것은
맛이 떨어져요.

✔ **이곳을 체크!**
싹이 나거나 껍질에 녹색이 비치는 것은
독소가 든 것이므로 피하세요.

✔ **이곳을 체크!**
싹 자리가 많을수록 맛있어요.

식품 안전 포인트!

싹이 난 부분은 꼼꼼하게 파내야

감자 싹이나 녹색 띠는 껍질에는 솔라닌과 차코닌이라는 천연 독소가 많이 들어 있어요. 이것을 먹게 되면 설사나 구토, 복통, 두통 등의 증상이 나타날 수 있습니다.
구입할 때 그런 감자가 보이면 사지 않는 것이 제일 바람직합니다.
혹 산 것 중에 그런 감자가 보이면 **껍질을 두껍게 벗겨내고, 싹은 깊고 넓게 도려낸 다음 사용하세요.**

사과와 함께 보존

비닐백에 사과와 함께 담아 통풍이 잘 되는 냉암소에 두세요. 사과를 넣어두면 에틸렌가스가 발생하여 발아를 막아줍니다.

직사광선을 쪼이면 어떻게 될까?

실험실 보고서!

감자에 1주일 동안 직사광선을 쪼여 보니 껍질이 녹색을 띠기 시작했어요. 또 잘라 보니 절단면의 윤곽에 어렴풋하게 녹색이 보였습니다. 이는 엽록소가 생겼다는 뜻이에요. 이런 경우에는 껍질을 두껍게 벗겨낸 후 사용해야 합니다.

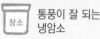

보존법 1	
🌡 상온	
모양	통째로
기간	3~4개월 (여름 제외)
장소	통풍이 잘 되는 냉암소

신문지로 싸서 비닐백에

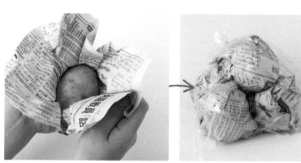

싹트기 쉬운 여름에는 1개씩 또는 몇 개를 합쳐 신문지로 싼 다음 비닐백에 넣어 채소실에 넣으세요. 감자는 저온에 약하므로 냉장할 때는 꼭 신문지로 싸야 합니다.

보존법 2	
냉장	
모양	통째로
기간	6개월 (여름은 3개월)
장소	채소실

으깨서 랩으로 싼다

껍질을 벗기고 삶아서 잘 으깹니다. 랩으로 나눠 싼 다음 되도록 평평한 모양으로 냉동실에 넣으세요. 사용할 때는 냉장실로 옮겨 해동하거나 전자레인지로 가열합니다.

보존법 3	
❄ 냉동	
모양	삶아 으깨서
기간	1개월
해동 방법	냉장 해동, 전자레인지 해동

냉암소에 두면 1~2개월 상온 보존 가능

고구마

제철달력

1 2 3 4 5 6 7 8 **9 10 11** 12 월

이 성분에 주목!

비타민E	1.0mg
비타민C	25mg
식이섬유	2.8g
100g당 140kcal	

식이섬유가 감자의 2배 가까이 들어 있어요. 색이 짙은 것에는 항산화 작용을 하는 베타카로틴이 풍부하기 때문입니다.

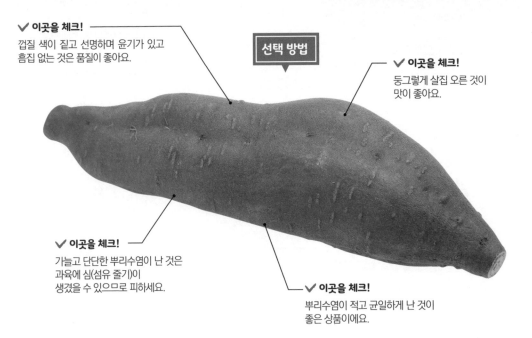

선택 방법

✔ **이곳을 체크!**
껍질 색이 짙고 선명하며 윤기가 있고 흠집 없는 것은 품질이 좋아요.

✔ **이곳을 체크!**
둥그렇게 살집 오른 것이 맛이 좋아요.

✔ **이곳을 체크!**
가늘고 단단한 뿌리수염이 난 것은 과육에 심(섬유 줄기)이 생겼을 수 있으므로 피하세요.

✔ **이곳을 체크!**
뿌리수염이 적고 균일하게 난 것이 좋은 상품이에요.

+ α 보존법

말린 고구마를 만들자!

고구마는 남는 경우가 많은데, 이때 말려서 식이섬유 풍부한 간식거리로 만들면 좋아요. **생고구마를 그냥 잘라 말려서는 안 되고, 먼저 찐 다음 세로로 길쭉하고 얇게 썰어 햇볕에 말려야 합니다.** 껍질은 취향에 따라 벗겨도 괜찮아요. 1주일 정도 말리면 사진처럼 수분이 빠져 먹기 좋은 상태의 말린 고구마가 완성됩니다.

기온이 오르면 채소실로 옮겨야!

계절이 바뀌어 기온이 12도를 넘게 되면 상온 보존에서 채소실로 이동시켜야 해요. 고구마는 저온에 약한 채소라 보존 온도가 너무 낮으면 단맛이 떨어지기 때문이지요.
기온이 올라가면 11도 정도로 유지되는 채소실에 보존하는 것이 최적입니다.

신문지로 싸서

하나씩 신문지로 싸서 통풍이 잘 되는 냉암소에 보존하세요. 바구니나 골판지 상자에 넣어 보존해도 좋습니다.

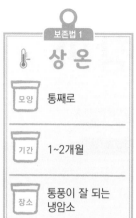

보존법 1

🌡 **상온**

모양	통째로
기간	1~2개월
장소	통풍이 잘 되는 냉암소

고구마는 만병에 효과!

고구마에는 콜레스테롤과 염분을 흡착하여 체외로 배출시키는 식이섬유, 노화 방지에 탁월한 효과를 가진 비타민C와 E가 많이 포함되어 있어요. 또 면역력을 높이고 암 예방 효과에 좋은 베타카로틴, 혈압 강하 작용이 있는 칼륨이 많이 들어 있답니다. 한마디로 건강 효과가 뛰어난 식품이라 할 수 있습니다.

사용하고 남은 것은 채소실에

사용하고 남았을 때는 절단면을 랩으로 잘 씌워 채소실에 보존하세요.

보존법 2

🧊 **냉장**

모양	통째로
기간	2개월
장소	채소실

으깨서 보존백에 담아!

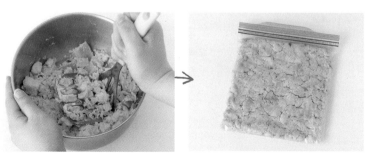

껍질을 벗기고 삶아서 잘 으깨세요. 식힌 다음 냉동용 보존백에 평평하게 펴 담아 냉동실에 보존하세요. 양이 많을 때는 나눠 담아도 좋아요. 사용할 때는 냉장실로 옮겨 해동하고, 전자레인지로 가열해도 좋습니다.

보존법 3

❄ **냉동**

모양	삶아 으깨서
기간	1개월
해동 방법	냉장 해동, 전자레인지 해동

갈아서 냉동시키면 1개월 보존 가능

참마

제철 달력

| 1 | 2 | 3 | **4** | 5 | 6 | 7 | 8 | 9 | **10** | **11** | **12** | 월 |

이 성분에 주목!

비타민B₁	0.1mg
칼륨	430mg
식이섬유	1.0g
100g당 65kcal	

전분의 분해를 돕는 소화 효소인 아밀라제가 많아 체력 증강에 좋아요. 위 점막을 보호하는 뮤신도 풍부합니다.

선택 방법

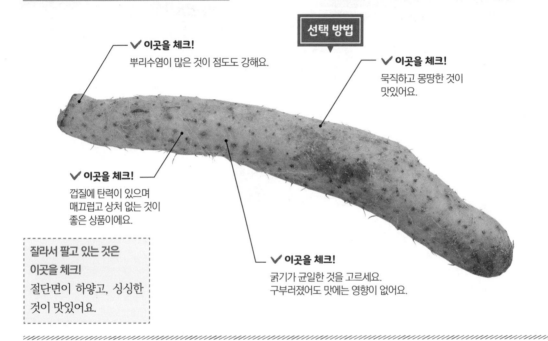

✔ **이곳을 체크!**
뿌리수염이 많은 것이 점도도 강해요.

✔ **이곳을 체크!**
묵직하고 몽땅한 것이 맛있어요.

✔ **이곳을 체크!**
껍질에 탄력이 있으며 매끄럽고 상처 없는 것이 좋은 상품이에요.

잘라서 팔고 있는 것은
이곳을 체크!
절단면이 하얗고, 싱싱한 것이 맛있어요.

✔ **이곳을 체크!**
굵기가 균일한 것을 고르세요. 구부러졌어도 맛에는 영향이 없어요.

하나씩 신문지에 싸서

보존법 1

🌡 상온

모양	통째로
기간	2주일
장소	냉암소

하나를 통째로 신문지에 싸서 냉암소에 보존하세요. 빛과 물에 약하므로 냉암소가 최적입니다.

자른 것은 채소실에

보존법 2

냉장

모양	잘라서
기간	1~2개월
장소	채소실

잘라 파는 것은 절단면을 랩으로 꼼꼼히 덮어싼 뒤 채소실에 보존하세요.

봉지째 보존이 가능하므로
항상 준비해 두면 편리

곤약·실곤약

* 미개봉 상태면 상온에서 1~3개월

제철달력

1 2 3 4 5 6 7 8 9 **10 11 12** 월

이 성분에 주목!			둘 다 약 98퍼센트가
	[곤약]	[실곤약]	수분이어서 칼로리가
칼륨	33mg	12mg	거의 없어요. 식이섬유
칼슘	43mg	75mg	인 글루코만난이 많아
식이섬유	2.2g	2.9g	공복감을 막아주는 것
100g당	5kcal	6kcal	이 특징입니다.

✔ **이곳을 체크!**
너무 부드럽지 않고 적당한
탄력이 있는 것이 맛있어요.

▶ **선택 방법**

✔ **이곳을 체크!**
물기가 너무 많지 않은 것이
좋은 상품이에요.

✔ **이곳을 체크!**
흰 것보다 검은 것이
칼슘이 많아요.

✔ **이곳을 체크!**
오그라들어 딱딱해졌으면
오래된 것이니 피하세요.

보존법

❄ 냉 장

모양	통째로
기간	개봉 후 5일
장소	냉장실

갈아서 평평하게

보존법 3

❄ 냉 동

모양	갈아서
기간	1개월
해동 방법	냉장 해동

껍질을 두껍게 벗겨낸 다음 갈아서 되도
록 평평하게 펴서 냉동용 보존백에 담으
세요. 냉동실에 넣을 때도 세우지 말고 뉘
어 놓습니다. 사용할 때는 냉장 해동으로
하세요.

개봉했으면
보존용기에 넣어서

개봉했으면 밀폐보존용기에
물과 함께 담아 냉장실에 넣으
세요. 얼면 고무 같은 식감이
되어버리기 때문에 냉동 보존
은 할 수 없어요.

냉동하면 감칠맛이 쑥!

표고버섯

*1~2일은 상온 보존도 가능

이 성분에 주목!

비타민D	0.4μg
비타민B₂	0.20mg
식이섬유	4.2g
100g당 19kcal	

뼈와 이를 단단하게 해주는 비타민D는 갓(머리) 부분에 많아요. 건조시키면 비타민D가 농축되어 날것의 거의 3배가 된답니다.

제철달력

1 2 **3 4 5** 6 7 8 **9 10 11** 12 월

✔ **이곳을 체크!**
갓이 두툼하고 빈틈없이 단단한 것이 맛있어요.

✔ **이곳을 체크!**
갓 표면이 다갈색인 것을 고르세요.

선택 방법

표고 갓의 안쪽도 체크!
갓에 벌어진 부분이 없고 안쪽 주름도 하얀 것이 신선도가 높아요.

✔ **이곳을 체크!**
주름이 갈색으로 변했거나 흐트러진 것은 신선도가 떨어진 것이므로 피하세요.

✔ **이곳을 체크!**
자루가 굵고 짧으며 야무진 것이 좋은 상품이에요.

키친타월로 싸서 비닐백에

보존법 1

냉장

모양	통째로
기간	1주일~10일
장소	채소실

자루를 위로 하여 키친타월로 꼼꼼하게 싼 뒤 자루를 아래로 하여 비닐백에 넣어 채소실에 넣으세요.

냉동용 보존백에 넣고 공기를 빼서

보존법 2

냉동

모양	●통째로 ●얇게 썰기
기간	1개월
해동 방법	냉장 해동

자루만 잘라서 통째로 또는 얇게 썰기 해서 냉동용 보존백에 담아 냉동실에 넣으세요. 공기를 빼고 입구를 막는 것이 중요합니다.

수분을 잘 닦아내는 것이 중요

팽이버섯

*1~2일은 상온 보존도 가능

제철달력

1 2 **3** 4 5 6 7 8 9 10 **11** **12** 월

이 성분에 주목!
비타민B₁	0.24mg
칼륨	340mg
식이섬유	3.9g
100g당 22kcal	

당질 대사에 빠질 수 없는 비타민B₁의 양이 버섯류 중에서는 최고로 많아요. 칼륨의 경우도 표고버섯 보다 많답니다.

선택 방법

✔ **이곳을 체크!**
깨끗한 흰색인 것은 신선도가 좋아요.

✔ **이곳을 체크!**
갓이 작고 닫혀 있는 것이 좋은 상품이에요.

✔ **이곳을 체크!**
자루에 탄력이 있고 길이가 서로 비슷한 것이 맛있어요.

✔ **이곳을 체크!**
누런색이 보이거나 포장 봉지에 물방울이 맺힌 것은 피하세요.

개봉 전엔 그대로, 개봉 후엔 키친타월로 싸서

보존법 1

냉장

모양	• 통째로 • 쓰기 좋은 크기로 뜯어서
기간	1주일
장소	냉장실

개봉하기 전 팽이버섯은 포장지 그대로 세워서 냉장실에 넣으세요. 쓰다 남은 것은 수분을 닦아 키친타월로 싸서 비닐백에 담아 냉장실에 보존합니다.

가닥 가닥 뜯어서 보존백에

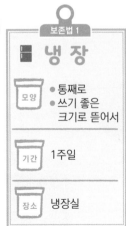

보존법 2

냉동

모양	쓰기 좋은 크기로 뜯어서
기간	1개월
해동방법	언 상태로 조리

밑뿌리를 잘라내고 수분을 닦은 뒤 먹기 좋은 크기로 가닥 가닥 뜯어서 냉동용 보존백에 넣어 냉동실에 보존하세요. 필요한 분량만큼 나눠 담으면 사용하기 좋아요.

말리면 감칠맛과 영양가가 쑥!

만가닥버섯 · 잎새버섯

* 1~2일은 상온 보존도 가능

제철 달력

1 2 3 4 5 6 7 8 (9 10 11) 12 월

만가닥버섯

이 성분에 주목!		글루타민산이 감칠맛의
비타민D	0.6μg	근원이 되어요. 칼슘의
비타민B₂	0.16mg	흡수를 돕는 비타민D, 피
식이섬유	3.7g	부 건강을 지켜주는 비타
100g당 18kcal		민B₂도 풍부합니다.

✔ **이곳을 체크!**
포장에 물방울이 너무 많이 맺혀 있는 것은 피하세요.

✔ **이곳을 체크!**
갓이 갈색으로 진하고 빡빡하게
자란 것이 맛있어요.

✔ **이곳을 체크!**
자루가 짧고 두꺼우며
흰 것은 품질이 좋아요.

✔ **이곳을 체크!**
들었을 때 무게감
있는 것이 좋아요.

✔ **이곳을 체크!**
도톰하고 갓이 밀집해
자란 것이 좋은 상품이에요.

✔ **이곳을 체크!**
갓이 짙은 갈색에 야무지고
탄력 있는 것이 맛있어요.

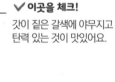

✔ **이곳을 체크!**
하얀 잎새버섯도 있는데, 영양가는 같아요.

선택 방법

단면도 체크!
자루 단면이 깔끔한
흰색이어야 품질이
좋아요.

제철 달력

1 2 3 4 5 6 7 8 9 (10 11) 12 월

잎새버섯

이 성분에 주목!		나이아신은 당질 및 지
비타민D	4.9μg	질의 대사를 도와요.
비타민B₂	0.19mg	면역력을 높이는 수용
나이아신	5.0mg	성 식이섬유 베타글루
100g당 15kcal		칸도 들어 있습니다.

버섯 믹스로 보존

표고버섯, 만가닥버섯, 잎새버섯 등을 조금씩 섞어 버섯 믹스로 만들어 놓으세요. 먹기 좋은 크기로 자르거나 뜯어서 수분을 제거하고 냉동용 보존백에 담으면 됩니다. 냉동 상태 그대로 조리에 사용할 수 있어요. 버섯이 조금씩 남을 경우에는 남은 것들만 모아서 만들어도 됩니다.

포장 봉지에서 꺼내 보존백으로

만가닥버섯이나 잎새버섯은 습기에 약하므로 포장 봉지에서 꺼내 수분을 닦아내고 냉장용 보존백에 담아 냉장실에 넣습니다.

보존법 1

냉장

모양	통째로
기간	1주일
장소	냉장실

먹기 좋은 크기로 만들어 보존백에

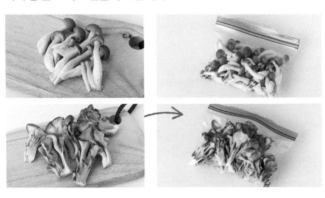

만가닥버섯 또는 잎새버섯의 밑뿌리를 잘라내고 수분을 제거한 다음 적당한 크기로 나눠서 냉동용 보존백에 담아 냉동실에 넣으세요.

보존법 2

냉동

모양	적당한 크기로 나누어서
기간	1개월
해동방법	언 상태로 조리

+α 보존법

말리면 감칠맛이 쑥쑥!

표고버섯을 비롯한 버섯류는 소쿠리 등에 얹어 며칠 창가에서 말리거나 햇빛에 직접 말리면 감칠맛이 더해집니다. **말리면 갓이 작아지므로 날것일 때보다 더 많이 먹을 수도 있어요.** 버섯이 많이 나올 때 사두었다가 말린 버섯으로 만들어 조림이나 볶음 요리에 편하게 이용하세요. 보존은 병이나 비닐백에 넣어두면 됩니다.

먹기 좋은 크기로 잘라 소쿠리에 얹어 말리세요. 날씨가 좋은 날에는 창가에 두어도 됩니다. 며칠 그대로 두면 남은 수분이 빠지면서 잘 마릅니다.

특유의 식감을 살려 보존 가능

새송이버섯

제철달력

1년 내내

*1~2일은 상온 보존도 가능

이 성분에 주목!		
비타민B₂	0.22mg	감자류만큼이나 식이섬유가 풍부해요. 비타민B군도 균형 있게 들어 있고, 미네랄도 많이 포함되어 있습니다.
칼륨	340mg	
식이섬유	3.4g	
100g당 19kcal		

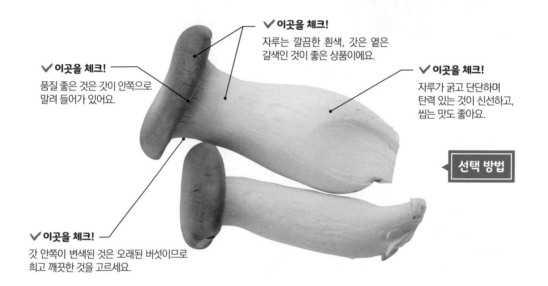

✔ 이곳을 체크!
자루는 깔끔한 흰색, 갓은 옅은 갈색인 것이 좋은 상품이에요.

✔ 이곳을 체크!
품질 좋은 것은 갓이 안쪽으로 말려 들어가 있어요.

✔ 이곳을 체크!
자루가 굵고 단단하며 탄력 있는 것이 신선하고, 씹는 맛도 좋아요.

선택 방법

✔ 이곳을 체크!
갓 안쪽이 변색된 것은 오래된 버섯이므로 희고 깨끗한 것을 고르세요.

보존백에 넣어서

새송이버섯은 포장 봉지에서 꺼내 물기를 닦아낸 다음 냉장용 보존백에 담아 냉장실에 넣으세요.

보존법 1

냉장

모양	통째로
기간	1주일
장소	냉장실

구워두면 이용할 때 편리

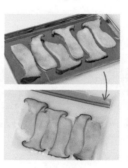

세로로 얇게 잘라서 기름 두른 프라이팬에 살짝 구우세요. 열을 식힌 다음에는 금속 쟁반에 겹치지 않게 얹어 냉동실에 넣어요. 언 다음에는 냉동용 보존백에 담아 보존합니다.

보존법 2

냉동

모양	세로로 얇게 썰기
기간	1개월
해동방법	언 상태로 조리

봉지째 냉장·냉동할 수 있어서 간단! 편리!

나도팽나무버섯

제철달력

1 2 3 4 5 6 7 8 9 **10 11** 12 월

이 성분에 주목!		수용성 식이섬유인 팩틴 때문에 미끈거려요. 영양소 대사에 꼭 필요한 비타민B군에 속하는 판토텐산도 많답니다.
판토텐산	1.25mg	
칼륨	230mg	
식이섬유	3.3g	
100g당 15kcal		

선택 방법

✔ **이곳을 체크!**
갓이 둥글면서 단단하고 갈라지지 않은 것이 풍미가 좋아요.

✔ **이곳을 체크!**
미끈거리는 느낌이 강하면서도 탁한 기운이 없는 것이 맛이 좋아요.

✔ **이곳을 체크!**
포장 봉지에 든 경우 젤리 같은 부분에 탁한 색이 적은 것을 고르세요.

✔ **이곳을 체크!**
자루가 굵고 야무진 것이 맛있어요.

봉지째 냉장실에

보존법 1	
❄ 냉장	
모양	봉지째
기간	1주일
장소	냉장실

나도팽나무버섯은 보존백 등으로 옮겨 담을 필요 없이 포장 봉지로 냉장실에 넣으세요. 포장을 뜯은 경우에는 즉시 다 먹는 것이 좋아요.

반으로 잘라 두면 사용에 편리

보존법 2	
❄ 냉동	
모양	봉지째
기간	1개월
해동방법	언 상태로 조리

포장 봉지째로 냉동실에 넣으세요. 포장 봉지를 반으로 접어 냉동하면 사용할 때 반반씩 꺼내 쓸 수도 있어요.

갈색이나 흰색도 보존법은 같아

양송이버섯

제철달력

1 2 **3 4 5** 6 7 8 9 **10 11 12** 월

* 1~2일은 상온 보존도 가능

이 성분에 주목!

비타민B₂	0.29mg
판토텐산	1.54mg
칼륨	350mg
100g당 11kcal	

감칠맛을 내는 성분인 글루타민산이 풍부해요. 영양소 대사를 돕는 비타민 B₂, 염분 배출을 촉진하는 칼륨도 들어 있습니다.

✔이곳을 체크!
자루가 굵고 갓이 두툼하며
갈라진 곳이 없을수록 맛있어요.

선택 방법

✔이곳을 체크!
갓에 흠집이 없고
새하얗고 매끈매끈한 것이
좋은 상품이에요.

✔이곳을 체크!
갓 안쪽이 변색된 것은 피하세요.

✔이곳을 체크!
흙이 묻은 것은 신선도가
좋다는 증거예요.

키친타월로 싸서 비닐백에

보존법 1

❄ 냉장

모양	통째로
기간	1주일
장소	냉장실

대강 수분을 닦아내고 키친타월로 싸세요. 그리고 비닐백에 담아 냉장실에 보존합니다.

얇게 썰기 해서 보존백에

보존법 2

❄ 냉동

모양	얇게 썰기
기간	1개월
해동방법	언 상태로 조리

얇게 썰기 해서 냉동용 보존백에 담으세요. 최대한 겹치지 않게 펴서 넣는 것이 중요해요. 공기를 잘 뺀 뒤 냉동실에 넣으세요.

Chapter 2
어패류·해조류 보존법

어패류 보존에서 가장 중요한 점은
보존하기 전에 남은 수분을 키친타월로 잘 닦아내는 것입니다.
그래야 생선 비린내를 없애고 맛있게 먹을 수 있어요.
또 생선에 따라 보존법이 다를 뿐만 아니라
통생선인지 생선 토막인지 생선회인지 등 형태에 따라
달라진다는 것을 알아야 합니다.

차례

● 통생선 …… 98~100쪽   ●생선은 여길 보고 골라야!
● 생선회 …… 100~101쪽   …………… 104~117쪽
● 생선 토막 … 102~103쪽   ●어패류·해조류 …118~128쪽

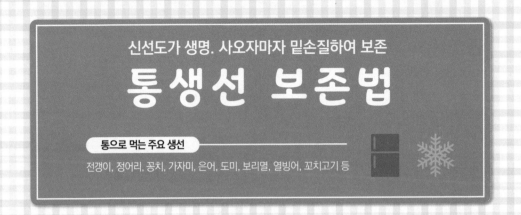

건어물은 한 마리씩 랩으로 싸서 보존백에

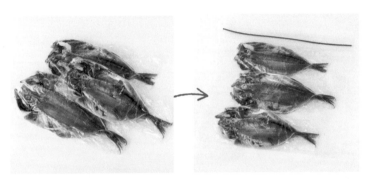

보존법 1

냉 장

모양	● 건어물 : 통째로 ● 생물 : 내장 제거 후
기간	● 건어물 : 4~5일 ● 생물 : 2~3일
장소	신선실, 냉장실

한 마리씩 랩으로 잘 싸서 냉장용 보존백에 넣어 신선실이나 냉장실에 넣으세요. 오래 냉장하면 산화가 진행되므로 되도록 빨리 먹도록 합니다.

생물은 씻은 후 랩으로 싸서 보존백에

내장을 제거하고 흐르는 물에 씻은 후 키친타월 등으로 속까지 수분을 깨끗하게 닦아냅니다. 한 마리씩 랩으로 싸서 냉장용 보존백에 담아 신선실이나 냉장실에 넣으세요.

건어물은 알루미늄 포일로 싸서 보존백에

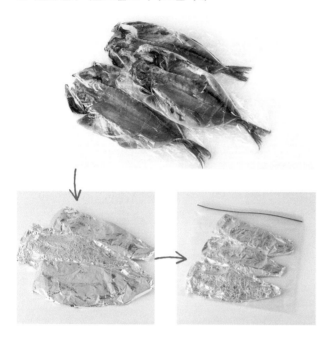

냉동

모양	● 건어물 : 통째로 ● 생물 : 내장을 제거해서
기간	● 건어물 : 1개월 ● 생물 : 2~3주일
해동 방법	● 건어물 : 언 상태로 조리 ● 생물 : 냉장 해동, 　　　　언 상태로 조리

바로 먹지 않을 거라면 냉동시키세요. 한 마리씩 키친타월로 수분을 제거한 후 랩으로 싸고 다시 알루미늄 포일로 싸세요. 냉동용 보존백에 담아 공기를 빼고 밀폐시켜 냉동실에 넣습니다.

생물은 뼈를 발라 랩으로 싸서

내장과 머리를 제거한 다음 가운데를 가르세요. 뼈를 발라 두 장으로 손질합니다. 키친타월로 수분을 닦아내고, 한 장씩 랩으로 싸서 냉동용 보존백에 담아 냉동실에 넣으세요.

건어물을

> Ⓐ 랩 + 보존백
> Ⓑ 랩 + 알루미늄 포일 + 보존백

으로 10일간 냉동 보존

냉동 보존 10일 경과 후 보기에는 별 차이가 없었습니다.

Ⓐ 쪽이 해동은 빨랐지만 랩을 풀어 보니 비린내가 났습니다. **구워서 먹어 보니 Ⓐ 쪽이 역시 비린내가 나고 퍼석퍼석한 느낌이 들었습니다.**

Ⓑ 는 냉동하기 전과 마찬가지로 몸통이 탱탱하게 보이고 맛있었습니다.

알루미늄 포일로 한 번 더 싸주기만 해도 이렇게 차이가 납니다. 꼭 실험해 보세요.

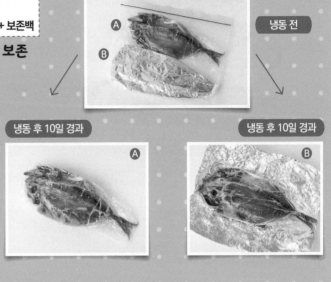

냉동 전

냉동 후 10일 경과

냉동 후 10일 경과

생선회를

> Ⓐ 랩 + 알루미늄 포일 + 보존백
> Ⓑ 포장팩째

로 10일간 냉동 보존

Ⓑ 쪽이 빨리 해동되었지만 포장팩을 열자마자 비린내가 났습니다. 드립(→103쪽)을 닦아내지 않고 냉동해서 냄새 역시 코를 찔렀습니다. Ⓐ 에서는 비린내가 나지 않았습니다.

Ⓐ, Ⓑ 모두 구워서 먹어 보니 역시 **Ⓑ 는 비린내가 입안에 남아서 맛있다고 할 수 없는 상태였습니다. Ⓐ 쪽은 냉동 전과 다름없이 맛있게 먹을 수** 있었습니다.

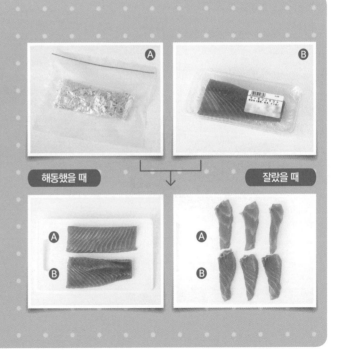

해동했을 때

잘랐을 때

다 먹지 못했을 때는 밀폐 보존하여 다음날 먹도록!

생선회 보존법

생선회로 먹는 주요 생선

전갱이, 정어리, 고등어, 꽁치, 참치, 가다랑어, 방어, 연어, 도미, 넙치, 잿방어, 볼락 등

토막은 절여서

밀폐용기에 간장, 미림, 술 등을 넣어 절여서 냉장실에 넣으세요. 다음날에는 먹어야 합니다.

덩어리는 키친타월로 싸서

물기를 닦아낸 뒤 키친타월로 싸서 냉장용 보존백에 담아 신선실에 넣으세요.

보존법 1

냉장

모양
- 덩어리: 그대로
- 토막: 밑간해서

기간
- 덩어리: 1~2일
- 토막(절임): 1~2일

장소
- 덩어리: 신선실
- 토막: 냉장실

알루미늄 포일로 싸서 보존백에

키친타월로 물기를 닦아내고 랩으로 꼼꼼히 싸세요. 거기에 알루미늄 포일로 한 번 더 싸서 냉동용 보존백에 넣어 냉동실에 넣으세요.

보존법 2

냉동

모양
덩어리째

기간
2주일

해동방법
냉장 해동, 언 상태로 가열 (생식 불가)

생선 토막 보존법

포장팩에서 꺼내 물기를 제거한 후 보존

생선 토막으로 먹는 주요 생선

고등어, 삼치, 참치, 가다랑어, 방어, 청새치, 연어, 대구, 갈치 등

물기를 닦아낸 뒤 랩으로 싸서 보존백에

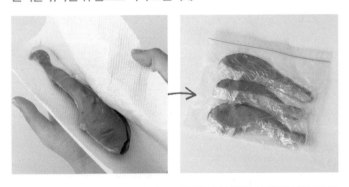

키친타월로 물기를 닦아내고 하나씩 랩으로 꼼꼼히 싸서 냉장용 보존백에 넣어 신선실 또는 냉장실에 넣으세요.

보존법 1

냉장

모양
- 그대로
- 밑간해서

기간
- 그대로: 2~3일
- 밑간해서: 1주일

장소 신선실, 냉장실

된장이나 간장에 절여서

된장이나 간장 등에 절여서 냉장실에 넣어요. 그대로 보존하는 것보다 오래갑니다.

+α 보존법

연어는 구워서 보존할 수도!

연어가 남았을 때는 **연어 플레이크로 만드는 것을 추천합니다.** 생연어는 간장이나 된장에 절였다가 염장 연어는 그대로 굽습니다. 다 식힌 뒤 껍질이나 뼈를 발라내고 적당히 부숴서 밀폐용기에 담아 냉장실에 넣으세요. 주먹밥 만들 때나 일상 요리 재료로 골고루 사용할 수 있습니다.

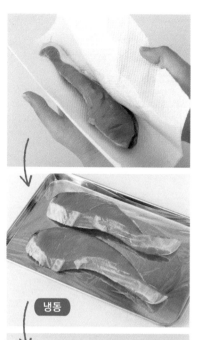

한 번 얼린 뒤
랩으로 싸서 보존백에

키친타월로 물기를 닦아내세요.

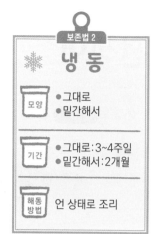

보존법 2
❄ 냉동

모양	● 그대로 ● 밑간해서
기간	● 그대로:3~4주일 ● 밑간해서:2개월
해동 방법	언 상태로 조리

랩을 깐 금속 쟁반 위에 얹어 냉동 실에 넣어 얼리세요.

냉동

그리고 한 토막씩 랩으로 싸서 냉 동용 보존백에 담아 냉동실에 다시 넣습니다. 밑간한 경우에도 같은 순서로 냉동 보존하세요.

어패류는 조리 전 또는 보존 전에 반드시 드립을 닦아내세요

드립이란 고기나 생선에서 나오는 수분을 말해요. 감칠 맛 등이 포함되어 있지만 비린내나 산화의 원인이 되기 도 하지요.
조리하기 전은 물론이고 냉장·냉동 보존할 때에도 반드 시 **키친타월 등으로 수분을 꼼꼼하게 닦아낸 뒤**에 보존하도 록 합니다.

단백질과 지방의 균형이 좋은
전갱이

제철 달력

1 2 3 4 ⑤ ⑥ ⑦ 8 9 10 11 12 월

이 성분에 주목!

단백질	19.7g
비타민D	8.9μg
칼슘	66mg
100g당 126kcal	

간 기능을 돕는 아미노산인 타우린이 풍부해요. 칼슘과 그 흡수를 돕는 비타민D도 들어 있습니다.

선택 방법

✔ **이곳을 체크!**
껍질이 은색으로 빛나고 배의 모비늘이 또렷한 것이 좋은 상품이에요.

✔ **이곳을 체크!**
신선한 것은 검은자위가 선명하고 맑아요.

✔ **이곳을 체크!**
말라 보이는 것은 지방이 빠진 것이므로 피하세요.

✔ **이곳을 체크!**
탄력 있고 둥그스름한 느낌으로 살이 오른 것이 맛있어요.

혈액을 맑게 해주는 불포화지방산이 풍부
정어리

제철 달력

1 2 3 4 5 6 7 ⑧ ⑨ ⑩ 11 12 월

이 성분에 주목!

지질	9.2g
비타민B₁₂	15.7μg
칼슘	74mg
100g당 169kcal	

불포화지방산인 EPA와 DHA가 풍부하여 혈전 예방 효과를 기대할 수 있어요. 비타민B₁₂가 있어 조혈작용을 돕습니다.

✔ **이곳을 체크!**
신선한 것은 검은 반점이 또렷해요.

선택 방법

✔ **이곳을 체크!**
눈이 맑은 것이 신선도가 높아요.

✔ **이곳을 체크!**
갈빗대가 비쳐 보이면 살집이 적은 것이므로 피하세요.

✔ **이곳을 체크!**
배 부근이 살찐 것은 살이 오른 것이니 고르세요.

양질의 기름이 많아 동맥경화 예방을 도와

고등어

제철달력

`1` `2` 3 4 5 6 7 8 9 `10` `11` `12` 월

겨울
고등어

가을
고등어

이 성분에 주목!		기름이 많고 EPA와 DHA
지질	16.8g	가 풍부해요. 등푸른생선
비타민D	5.1㎍	중에서는 영양소 대사를
비타민B₂	0.31mg	돕는 비타민B₂가 많이 함
100g당 247kcal		유되어 있어요.

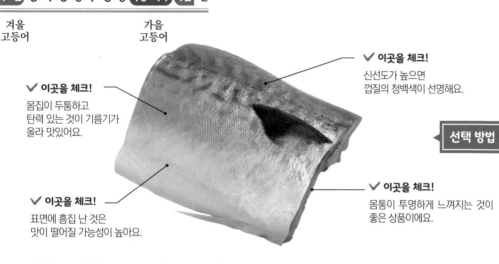

✔ **이곳을 체크!**
신선도가 높으면
껍질의 청백색이 선명해요.

✔ **이곳을 체크!**
몸집이 두툼하고
탄력 있는 것이 기름기가
올라 맛있어요.

선택 방법

✔ **이곳을 체크!**
몸통이 투명하게 느껴지는 것이
좋은 상품이에요.

✔ **이곳을 체크!**
표면에 흠집 난 것은
맛이 떨어질 가능성이 높아요.

내장에도 영양 풍부. 살이 오른 것을 골라야!

꽁치

제철달력

1 2 3 4 5 6 7 8 `9` `10` `11` 12 월

이 성분에 주목!		EPA와 DHA가 껍질 아래
지질	23.6g	에 많아 동맥경화 예방에 좋
비타민D	14.9㎍	아요. 거무스름한 부분에는
비타민B₁₂	15.4㎍	비타민B₁₂, 내장에는 비타민
100g당 297kcal		D가 풍부해요.

선택 방법

✔ **이곳을 체크!**
비늘 벗겨진 곳이
적을수록 좋은 상품이에요.

✔ **이곳을 체크!**
어깨에서 등지느러미까지
둥그스름한 선을 그리는 것이
기름기가 오른 거예요.

✔ **이곳을 체크!**
눈이 맑고 주둥이가
노란 것은 물이 좋다는 증거예요.

✔ **이곳을 체크!**
신선도 높은 것은
배가 은색으로 빛나요.

비타민D와 칼륨이 풍부해요.
거무스름한 부분도 선명한 것을 골라야

삼치

이 성분에 주목!		EPA, DHA, 뼈를 단단하
지질	9.7g	게 해주는 비타민D에 염
비타민D	7.0μg	분 배출을 돕는 칼륨이 많
칼륨	490mg	은 것이 특징이에요. 고혈
100g당 177kcal		압 예방에도 좋습니다.

제철 달력

1 2 3 4 5 6 7 8 9 10 11 **12** 월

선택 방법

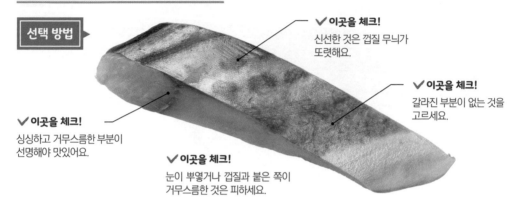

✔ **이곳을 체크!**
신선한 것은 껍질 무늬가
또렷해요.

✔ **이곳을 체크!**
갈라진 부분이 없는 것을
고르세요.

✔ **이곳을 체크!**
싱싱하고 거무스름한 부분이
선명해야 맛있어요.

✔ **이곳을 체크!**
눈이 뿌옇거나 껍질과 붙은 쪽이
거무스름한 것은 피하세요.

비타민B₁₂와 철분이 많아
빈혈 예방에 추천

청어

이 성분에 주목!		조혈작용을 하는 비타민B₁₂에
지질	15.1g	더해 철분도 들어 있어 빈혈
비타민B₁₂	17.4μg	예방에 효과적이에요. 물론
칼륨	350mg	등푸른생선에 많은 불포화지
100g당 216kcal		방산도 풍부합니다.

제철 달력

1 2 3 4 5 6 7 8 9 10 11 12 월

선택 방법

✔ **이곳을 체크!**
눈 맑은 것이
신선도가 좋아요.

✔ **이곳을 체크!**
몸통에 탄력 있는 것이
좋은 상품이에요.

✔ **이곳을 체크!**
껍질이 푸르게 빛나는 것이 신선해서 맛이 좋아요.

✔ **이곳을 체크!**
신선한 것은 배가 은색으로 빛나요.

붉은 살에는 철분,
비곗살에는 DHA와 EPA가 풍부

참치

제철달력

1 2 3 4 5 6 7 8 9 (10 11 12) 월

✔ **이곳을 체크!**
힘줄과 힘줄의 폭이 넓은 것이 입에 닿는 느낌도 좋아요.

✔ **이곳을 체크!**
절단면이 거실거리는 부분 없이 매끄러운 것이 신선해요.

✔ **이곳을 체크!**
드립(빨간 육즙. →100쪽)이 나온 것은 맛이 떨어지므로 피하세요.

✔ **이곳을 체크!**
색이 선명하고 육질이 촘촘한 것이 맛있어요.

선택 방법

영양가 높은 것은 가을 가다랑어.
색이 선명한 것을 선택

가다랑어

제철달력

1 2 (3 4 5 6 7) 8 (9 10 11) 12 월

봄
가다랑어

가을
가다랑어

선택 방법

✔ **이곳을 체크!**
표면이 마르지 않고 광택 있는 것이 맛있어요.

✔ **이곳을 체크!**
살 퍼진 느낌이 없는 게 좋아요.

✔ **이곳을 체크!**
붉은 살의 색이 탁하지 않고 투명감 있는 것일수록 신선해요.

✔ **이곳을 체크!**
거무스름한 부분이 검게 변색된 것은 신선도가 떨어지므로 피하세요.

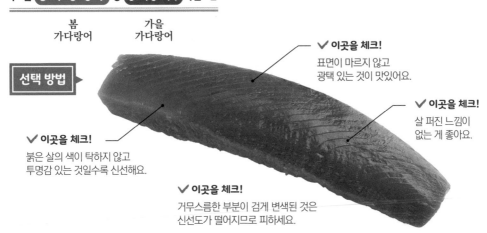

겨울이 제철.
거무스름한 부분이 칙칙하지 않은 걸 골라야

방어

제철 달력

1 2 3 4 5 6 7 8 9 10 11 12 월

겨울
방어

이 성분에 주목!		뱃살 쪽 지방에 EPA와
지질	17.6g	DHA가 풍부해요. 항산화
비타민E	2.0mg	작용을 하는 비타민E와
철분	1.3mg	함께 혈관의 노화를 막아
100g당 257kcal		줍니다.

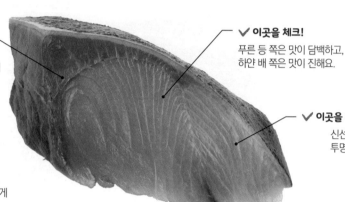

✔ **이곳을 체크!**
살이 칙칙하지 않고
거무스름한 부분이 선명한 것이
좋은 상품이에요.

선택 방법

✔ **이곳을 체크!**
양식어는 지방이 많아 비교적 하얗고,
자연산은 상대적으로 지방이 적어 붉게
보이는 부분이 많아요.

✔ **이곳을 체크!**
푸른 등 쪽은 맛이 담백하고,
하얀 배 쪽은 맛이 진해요.

✔ **이곳을 체크!**
신선한 것은 살이
투명하게 느껴져요.

적당히 기름기 오른 것이
푸석푸석하지 않고 맛있어

청새치

제철 달력

1 2 3 4 5 **6 7 8** 9 10 11 12 월

이 성분에 주목!		저지방·고단백이라서 다
단백질	19.2g	이어트에 도움이 됩니다.
지질	7.6g	뼈를 강하게 해주는 비타
비타민D	8.8µg	민D, 비타민B₆, 나이아신
100g당 153kcal		등 비타민B군도 풍부해요.

✔ **이곳을 체크!**
각이 살아 있는 것이
신선도가 높다는 증거예요.

✔ **이곳을 체크!**
살이 촉촉하고 투명감 있으며
밝은 핑크가 좋은 상품이에요.

선택 방법

✔ **이곳을 체크!**
적당히 기름기가 있어
광택 나는 것이 맛있어요

✔ **이곳을 체크!**
거무스름한 부분이 적은 편이 좋고, 그부분이
칙칙한 색을 띠면 맛이 떨어져요.

살의 주홍색이 진하고 선명할수록 신선도 높아

연어

제철달력

1 2 3 4 5 6 7 8 **9 10 11 12** 월

이 성분에 주목!		아스타크산틴이라는 색
단백질	22.3g	소가 항산화 작용을 해요.
비타민D	32.0μg	비타민D가 많고, 피부 미
비타민B₆	0.64mg	용에 좋은 콜라겐도 풍부
100g당 133kcal		해요.

> 선택 방법

✔ **이곳을 체크!**
껍질에 붉은색이 비치는 것은
맛이 떨어져요.

✔ **이곳을 체크!**
껍질이 은색으로
빛나는 것이 좋은
상품이에요.

✔ **이곳을 체크!**
생선 살의 색이 옅고
노란색이 비치는 것은 피하세요.

✔ **이곳을 체크!**
신선한 것은 살색이
짙고 선명해요.

저지방·저칼로리인 양질의 단백질 공급원

대구

제철달력

1 2 3 4 5 6 7 8 9 10 11 **12** 월

이 성분에 주목!		지방이 적어 칼로리가 낮아요.
단백질	17.6g	항산화 물질인 글루타티온이
지질	0.2g	들어 있어 동맥경화를 막아줍
비타민D	1.0μg	니다. 신체 발육을 돕는 요오
100g당 77kcal		드도 포함되어 있어요.

✔ **이곳을 체크!**
통통하고 촉촉한 것이
좋은 상품이에요.

✔ **이곳을 체크!**
신선한 것은 껍질에
광택이 있어요.

> 선택 방법

✔ **이곳을 체크!**
살이 옅은 핑크에 투명하게
보이는 것이 신선도가 높아요.

✔ **이곳을 체크!**
살이 부옇게 보이면 신선도가
떨어진 것이므로 피하세요.

토막으로 살 때는 살에
투명감 있는 것을 골라야

도미

이 성분에 주목!		감칠맛의 성분인 글루타
단백질	20.6g	민산과 이노신산이 많아
비타민B₁	0.09mg	요. 비타민B₁은 피로회
칼륨	440mg	복, 칼륨은 혈압 개선에
100g당 142kcal		효과가 있습니다.

제철 달력

1 2 3 4 5 6 7 8 9 10 11 12 월

선택 방법

✔ **이곳을 체크!**
몸통이 촉촉하고 투명감 도는 옅은
핑크인 것이 좋은 상품이에요.

✔ **이곳을 체크!**
눈이 맑은 것은 신선도가
높다는 증거예요.

✔ **이곳을 체크!**
거무스름한 부분은 적은 것이 좋고,
칙칙한 색을 띠면 맛이 떨어져요.

탄력 있는 육질과 담백한 맛,
풍부한 콜라겐이 매력

넙치

이 성분에 주목!		혈압을 내리는 효과가 있
단백질	21.6g	는 칼륨과 피부 건강을 유
나이아신	6.2mg	지하는 비타민B군이 풍부
칼륨	440mg	해요. 지느러미 쪽에는 콜
100g당 126kcal		라겐도 많아요.

제철 달력

1 2 3 4 5 6 7 8 9 10 11 12 월

선택 방법

✔ **이곳을 체크!**
품질 좋은 것은 껍질에
광택이 있어요.

✔ **이곳을 체크!**
지느러미 쪽이 두툼한 것은
살도 탄력 있어 좋은 상품인
경우가 많아요.

✔ **이곳을 체크!**
기름기가 떠 있지 않고
살에 탄력 있는 것이 맛있어요.

✔ **이곳을 체크!**
살의 투명도가
높을수록 신선해요.

무늬가 또렷한 것이 고급품

가자미

제철달력

1 2 3 **4 5 6 7 8 9 10** 11 12 월

이 성분에 주목!

단백질	1.3g
비타민D	13.0μg
비타민B₂	0.35mg
100g당 95kcal	

비타민B₂는 신진대사를 돕고, 비타민D는 뼈와 이를 튼튼하게 해요. 타우린도 많아 심장과 간 기능을 높여주는 효과가 있습니다.

✔ **이곳을 체크!**
껍질이 매끌거리는 것은
신선도가 높다는 증거예요.

✔ **이곳을 체크!**
작은 것이 맛있어요.

선택 방법

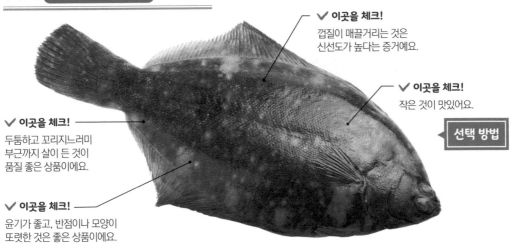

✔ **이곳을 체크!**
두툼하고 꼬리지느러미
부근까지 살이 든 것이
품질 좋은 상품이에요.

✔ **이곳을 체크!**
윤기가 좋고, 반점이나 모양이
또렷한 것은 좋은 상품이에요.

비타민과 미네랄을 효과적으로
섭취하려면 통째로 먹어야

은어

제철달력

1 2 3 4 5 **6 7 8** 9 10 11 12 월

이 성분에 주목!

비타민E	5.0mg
비타민B₁₂	2.6μg
칼슘	250mg
100g당 152kcal	

비타민B₁₂는 조혈작용을, 비타민E는 항산화 작용을 도와요. 통째로 먹으면 비타민A와 철분도 섭취할 수 있습니다.

선택 방법

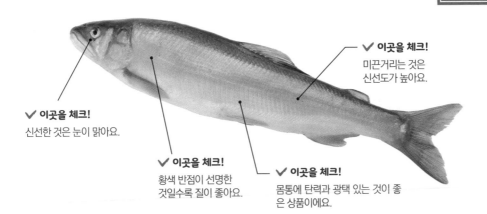

✔ **이곳을 체크!**
미끈거리는 것은
신선도가 높아요.

✔ **이곳을 체크!**
신선한 것은 눈이 맑아요.

✔ **이곳을 체크!**
황색 반점이 선명한
것일수록 질이 좋아요.

✔ **이곳을 체크!**
몸통에 탄력과 광택 있는 것이 좋
은 상품이에요.

비타민D가 칼슘 흡수를 도와
뼈를 튼튼하게

농어

제철달력

1 2 3 4 5 (6 7 8 9) 10 11 12 월

이 성분에 주목!		눈을 지켜주는 비타민A와
비타민A	180μg	뼈를 튼튼히 해주는 비타
비타민D	10.0μg	민D가 풍부해요. 판토텐
판토텐산	0.93mg	산과 비타민B₂도 많아 대
100g당 123kcal		사를 촉진해 줍니다.

선택 방법

✔이곳을 체크!
껍질에 탄력이 있고
검게 보일수록 신선해요.

✔이곳을 체크!
피가 비쳐 보이는 것은 맛이
떨어질 가능성이 높아요.

✔이곳을 체크!
살이 투명하고 탄력 있는 것이
좋은 상품이에요.

눈 건강을 지켜주는 비타민A가 풍부

갯장어

제철달력

1 2 3 4 5 (6 7 8) 9 10 11 12 월

이 성분에 주목!		비타민A가 많아 눈의
지질	9.3g	점막을 지켜주어요. 뼈
비타민A	500μg	의 기본인 칼슘과 그 흡
비타민E	2.3mg	수를 돕는 비타민D도
100g당 161kcal		많습니다.

✔이곳을 체크!
껍질이 반질거리고 흰 반점이
뚜렷한 것은 좋은 상품이에요.

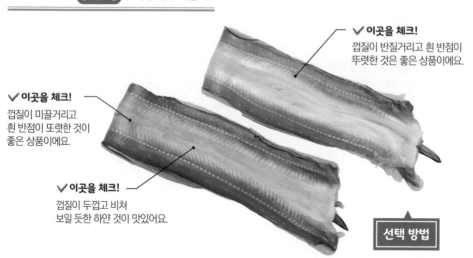

✔이곳을 체크!
껍질이 미끌거리고
흰 반점이 또렷한 것이
좋은 상품이에요.

✔이곳을 체크!
껍질이 두껍고 비쳐
보일 듯한 하얀 것이 맛있어요.

선택 방법

지질이 많아 지용성 비타민을
효과적으로 섭취

갈치

제철달력

1 2 3 4 5 6 **7 8 9 10 11** 12 월

이 성분에 주목!		EPA, DHA, 올레산이 풍
지질	20.9g	부하여 동맥경화 예방에
비타민D	14.0㎍	좋아요. 지용성 비타민인
비타민E	1.2mg	A, D, E를 효율적으로 섭
100g당 266kcal		취할 수 있습니다.

선택 방법

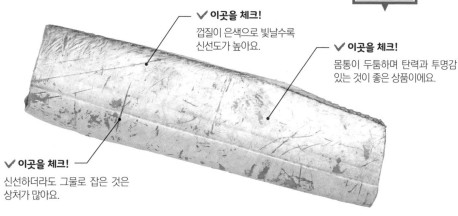

✔ **이곳을 체크!**
껍질이 은색으로 빛날수록
신선도가 높아요.

✔ **이곳을 체크!**
몸통이 두툼하며 탄력과 투명감
있는 것이 좋은 상품이에요.

✔ **이곳을 체크!**
신선하더라도 그물로 잡은 것은
상처가 많아요.

검은자위가 또렷하고
몸집 작은 것을 골라서

보리멸

제철달력

1 2 3 **4 5 6 7 8 9** 10 11 12 월

이 성분에 주목!		저칼로리여서 다이어트
지질	0.2g	중 단백질원으로 추천합
비타민D	0.7㎍	니다. 통째로 먹으면 뼈에
칼륨	340mg	든 칼슘까지 섭취할 수 있
100g당 80kcal		어요.

✔ **이곳을 체크!**
15cm 정도 되는
작은 것이 맛있어요.

선택 방법

✔ **이곳을 체크!**
품질 좋은 것은 눈이 맑고
검은자위가 또렷해요.

✔ **이곳을 체크!**
몸에 투명감이 있고
단단한 것은 좋은 상품이에요.

✔ **이곳을 체크!**
비늘이 벗겨진 것은 신선도가
떨어지므로 피하세요.

통째로 먹어서 칼슘 보충
열빙어

제철달력

1 2 3 4 5 6 7 8 9 **10 11 12** 월

이 성분에 주목!		혈전을 막는 불포화지방
지질	11.6g	산이 풍부해요. 칼슘과
칼슘	350mg	함께 뼈의 성분인 인과
인	360mg	마그네슘, 아연도 들어
100g당 177kcal		있습니다.

> 선택 방법

✔ **이곳을 체크!**
몸통이 통통하고
탄력 있는 것이 맛있어요.

✔ **이곳을 체크!**
변색이나 흠집이 보이는 것은
신선도가 떨어지므로 피하세요.

✔ **이곳을 체크!**
배가 빵빵한 것은 알이
가득 차 있다는 증거예요.

배에 탄력 있는 것을 고르세요.
비타민B₆로 신진대사 높여!
꼬치고기

제철달력

1 2 3 4 5 6 7 8 **9 10 11 12** 월

이 성분에 주목!		비타민D가 많아 칼
지질	7.2g	슘의 흡수를 도와줍니
비타민D	11.0㎍	다. 영양소 흡수에 빠
비타민B₆	0.31mg	질 수 없는 비타민B₆
100g당 148kcal		도 풍부합니다.

✔ **이곳을 체크!**
비늘이 벗겨지지
않은 것이 신선해요.

> 선택 방법

✔ **이곳을 체크!**
눈이 맑고 까만 것이
신선도가 높아요.

✔ **이곳을 체크!**
배에 탄력 있는 것이 맛있어요.

EPA, DHA가 혈관의 젊음을 지켜!

잿방어

이 성분에 주목!		EPA, DHA가 많아 동맥
지질	4.2g	경화를 막아줍니다. 혈압
나이아신	8.0mg	개선에 도움을 주는 칼륨
칼륨	490mg	도 풍부해요. 비타민B_{12}는
100g당 129kcal		조혈작용을 합니다.

제철달력

1 2 3 4 5 ⑥ ⑦ ⑧ ⑨ 10 11 12 월

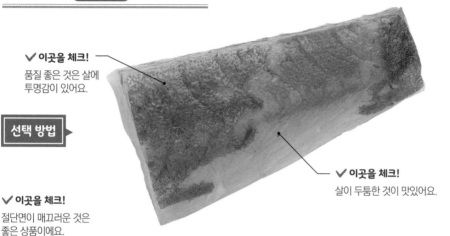

✔ **이곳을 체크!**
품질 좋은 것은 살에
투명감이 있어요.

선택 방법 ▶

✔ **이곳을 체크!**
절단면이 매끄러운 것은
좋은 상품이에요.

✔ **이곳을 체크!**
살이 두툼한 것이 맛있어요.

비타민E와 B_2가 풍부.
신선도는 눈을 보면 알아!

볼락

이 성분에 주목!		비타민E에는 항산화 작
비타민E	1.5mg	용, 비타민B_2에는 피부와
비타민B_2	0.17mg	점막을 건강하게 해주는
칼슘	80mg	효과가 있어요. 콜레스테
100g당 109kcal		롤은 높습니다.

제철달력

1 ② ③ ④ ⑤ ⑥ 7 8 9 10 11 12 월

선택 방법 ◀

✔ **이곳을 체크!**
전체적으로 통통하고
둥그런 것이 맛있어요.

✔ **이곳을 체크!**
품질 좋은 것은 배가 단단해요.

✔ **이곳을 체크!**
눈이 맑고 튀어나온
것이 신선해요.

✔ **이곳을 체크!**
아가미가 선명한 붉은색을 띠는
것이 좋은 상품이에요.

무거울수록 좋아요. 삶아서 보존을!

게

제철 달력

| 1 | 2 | 3 | 4 | 5 | 6 | 7 | 8 | 9 | 10 | 11 | 12 | 월 |

❄️

이 성분에 주목!

비타민B₁	0.24mg
나이아신	8.0mg
칼슘	90mg
100g당 63kcal	

당질과 지질이 적어 칼로리가 낮아요. 콜레스테롤 흡수를 막아주는 타우린 외에 아연과 마그네슘도 들어 있습니다.

✔ **이곳을 체크!**
무거울수록 살이 가득 차 있어요.

선택 방법

흐르는 물에 해동하여 삶아서 먹어요.
냉장 해동하면 변색할 수도 있어요. 흐르는 물에 해동한 후 반드시 삶아서 먹습니다.

✔ **이곳을 체크!**
거뭇거뭇한 부분이 없고 전체적으로 색이 선명한 것은 신선해요.

미네랄 풍부한 '바다의 우유'

굴

제철 달력

| 1 | 2 | 3 | 4 | 5 | 6 | 7 | 8 | 9 | 10 | 11 | 12 | 월 |

❄️

이 성분에 주목!

비타민B₁₂	28.1㎍
칼슘	88mg
아연	13.2mg
100g당 60kcal	

글리코겐과 타우린에는 심장·간 기능을 높여주는 효과가 있어요. 미네랄이 많은데, 특히 아연은 식자재 중 최상급입니다.

✔ **이곳을 체크!**
살에 윤기가 있고 동그스름하게 통통한 것이 맛있어요.

✔ **이곳을 체크!**
껍질이 붙은 굴은 꽉 다물어져 있고 무거울수록 신선도가 좋아요.

✔ **이곳을 체크!**
신선한 것은 살 외곽의 막 색깔이 또렷해요.

선택 방법

✔ **이곳을 체크!**
살과 조개관자가 단단히 붙은 것이 신선해요.

생굴은 10도 이하에서 보존
껍질 붙은 것은 건조에 약하므로 냉장은 곤란해요. 바람이 잘 통하는 10도 이하의 곳에서 보존합니다.

양념구이로 보관할 때에는
양념이 흘러나오지 않도록 주의!

장어

제철 달력

1 2 3 4 5 ⑥ ⑦ ⑧ ⑨ 10 11 12 월

이 성분에 주목!
[진공팩의 경우]

지질	21.0g
비타민A	1500μg
비타민B₁	0.75mg

100g당 293kcal

EPA와 DHA에 더해 눈의 점막을 지켜주는 비타민A가 풍부해요. 비타민B₁에 의한 대사 촉진도 기대할 수 있습니다.

선택 방법

✔ **이곳을 체크!**
너무 타지 않고 적당히 구워진 것이 맛있어요.

✔ **이곳을 체크!**
고급인 것은 살집이 도톰하게 올라 있어요.

✔ **이곳을 체크!**
살이 두툼하고 폭넓은 것이 좋은 상품이에요.

랩으로 싸서 비닐백에 넣어 보관

보존법 1

냉장

모양	먹기 좋은 크기로 잘라서
기간	2~3일
장소	냉장실

포장을 뜯기 전이면 그대로 냉장실에 넣으세요. 개봉 후에는 양념이 흘러나오지 않도록 랩으로 단단히 싸고 비닐백에 넣어 냉장실에 보존합니다.

랩으로 싼 뒤 보존백에 밀봉

보존법 2

냉동

모양	먹기 좋은 크기로 잘라서
기간	1개월
해동 방법	냉장 해동, 전자레인지 해동

랩으로 단단히 싼 다음 냉동용 보존백에 넣어 냉동실에 넣으세요.

117 ·

신선도를 유지하려면
반드시 밑손질 후 보존

오징어

제철 달력

1 2 3 4 5 6 **7 8 9 10** 11 12 월

이 성분에 주목!

비타민E	2.1mg
나이아신	4.0mg
아연	1.5mg
100g당 83kcal	

저지질·고단백이며, 간 기능을 높여주는 타우린이 풍부해요. 미각을 정상적으로 지켜주는 작용을 하는 아연도 많이 들어 있습니다.

선택 방법

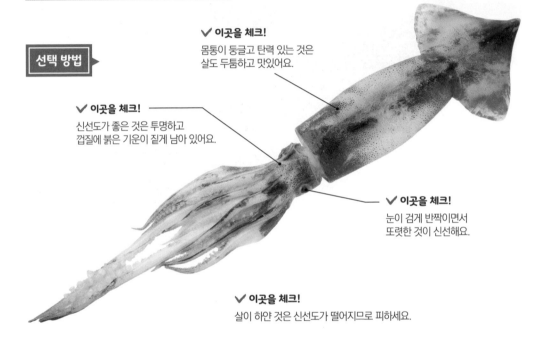

✔ **이곳을 체크!**
몸통이 둥글고 탄력 있는 것은
살도 두툼하고 맛있어요.

✔ **이곳을 체크!**
신선도가 좋은 것은 투명하고
껍질에 붉은 기운이 짙게 남아 있어요.

✔ **이곳을 체크!**
눈이 검게 반짝이면서
또렷한 것이 신선해요.

✔ **이곳을 체크!**
살이 하얀 것은 신선도가 떨어지므로 피하세요.

+α 보존법

절이거나 말려서 보존!

오징어는 밑손질 후 넓게 펴서 절이거나 말려서 보존하는 것도 좋아요. 절일 경우에는 간장과 술, 미림 등의 **조미료와 함께 밀폐용기에** 넣습니다. 말릴 경우에는 물기를 제거하고 **소쿠리에 펼쳐 하룻동안 그늘에서 말립니다.** 소쿠리 대신 채소를 말릴 때 쓰는 건조망을 써도 됩니다.

어떤 경우라도 보존 기준은 냉장실에서 2~3일, 냉동실에서 1개월입니다.

밑손질 후 물기를 제거하고 랩으로 싸서!

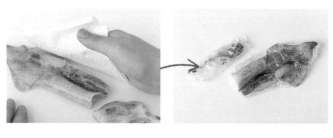

내장과 연골을 제거하고 다리의 빨판을 칼로 긁어 떼어내세요. 흐르는 물에 씻은 후 키친타월로 물기를 잘 닦아내고 랩으로 싸서 비닐백에 담으세요. 그리고 냉장실이나 신선실에 넣습니다.

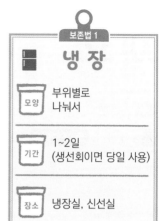

보존법 1

냉장

모양	부위별로 나눠서
기간	1~2일 (생선회이면 당일 사용)
장소	냉장실, 신선실

부위별로 나눠 급랭

냉장 보존할 경우와 같은 순서로 밑손질 하고 물기를 제거하세요.

지느러미, 몸통, 다리를 각각 나눠서 먹기 좋은 크기로 잘라 랩으로 싸세요.

랩을 깐 금속 쟁반에 얹어 급랭 시키세요.

얼었으면 냉동용 보존백으로 옮겨 담으세요.

살짝 데쳐도 좋아요

부위별로 잘라 나눈 뒤 살짝 데쳐서 냉동하세요. 열을 식힌 뒤 작게 나눠 랩으로 싸서 냉동용 보존백에 담아 냉동실에 넣으세요.

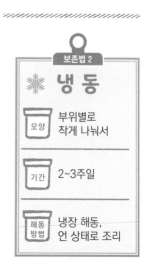

보존법 2

냉동

모양	부위별로 작게 나눠서
기간	2~3주일
해동 방법	냉장 해동, 언 상태로 조리

머리와 등내장을 떼어내 맛을 보존!

새 우

제철 달력

| 1 | 2 | 3 | 4 | 5 | 6 | 7 | 8 | 9 | 10 | 11 | 12 | 월 |

양식   자연산

이 성분에 주목!

[참새우]

지질	0.6g
칼륨	430mg
아연	1.4mg
100g당 97kcal

새우의 붉은색은 아스타크산틴으로 항산화 성분이에요. 칼륨과 아연 외에 피와 뼈의 성분과 연관된 구리도 많이 들어 있습니다.

선택 방법

✔ **이곳을 체크!**
품질이 좋은 것은 머리나 꼬리가 단단히 붙어 있어요.

✔ **이곳을 체크!**
몸통에 투명감이 있고 탄탄한 것이 맛있어요.

✔ **이곳을 체크!**
모양이 잘 정돈되고 있는 것이 좋은 상품이에요.

✔ **이곳을 체크!**
머리가 칙칙한 것은 신선도가 떨어지므로 피하세요.

상하기 쉬운 부분은 제거

머리와 껍질, 등내장 등 상하기 쉬운 부분을 제거하고 소금물에 씻으세요. 랩으로 적당히 나눠 싼 뒤 비닐백에 담아 냉장실이나 신선실에 넣습니다.

보존법 1

❄ 냉장

모양	작게 나눠서
기간	1~2일
장소	냉장실, 신선실

금속 쟁반에서 급랭

밑손질 한 다음 금속 쟁반에 랩을 깔고 겹치지 않게 늘어놓고 냉동시키세요. 얼었으면 냉동용 보존백으로 옮겨 보존합니다.

보존법 2

❄ 냉동

모양	작게 나눠서
기간	2~3주일
해동 방법	냉장 해동, 흐르는 물에 해동

썰어서 보존하면 사용하기 편리

문어

제철달력

1 2 3 **4 5 6 7 8** 9 10 **11 12** 월

이 성분에 주목!		간 기능을 돕는 타우린
단백질	16.4g	이 풍부해요. 피부 건강
나이아신	2.2mg	을 지켜주는 나이아신,
칼륨	290mg	염분 배출을 촉진하는
100g당 76kcal		칼륨도 들어 있습니다.

✔ **이곳을 체크!**
품질 좋은 것은
빨판이 뚜렷합니다.

✔ **이곳을 체크!**
껍질이 터지지 않은 것은
좋은 상품이에요.

◀ **선택 방법**

✔ **이곳을 체크!**
몸에 탄력 있는 것이 맛있어요.

✔ **이곳을 체크!**
발끝까지 단단히 말려 있는 것이
신선도가 좋아요.

술을 뿌려 다리 하나씩
랩으로 싸서!

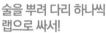
보존법 1

🧊 냉 장	
모양	다리 하나씩 잘라 나눠서
기간	3~4일
장소	냉장실, 신선실

다리를 하나씩 잘라 나눠 술
을 조금 뿌려 놓으세요. 다리
하나씩 랩으로 싸서 비닐백
에 넣어 냉장실이나 신선실
에 넣습니다.

썰어서 보존

보존법 2

❄ 냉 동	
모양	먹기 좋은 크기로 썰어서
기간	3~4주일
해동 방법	냉장 해동, 언 상태로 조리

먹기 좋은 크기로 썰어서 겹
치지 않게 냉동용 보존백에
담아 냉동실에 넣으세요.

해감해서 보존하면 바로 사용 가능

모시조개·바지락

모시조개

이 성분에 주목!		특히 철분이 많아 비타민
비타민B₁₂	52.4µg	B₁₂와 함께 빈혈 개선에
철분	3.8mg	효과적이에요. 머리칼과
아연	1.0mg	피부 건강을 지켜주는 바
100g당 30kcal		이오틴도 들어 있습니다.

선택 방법

✔ 이곳을 체크!
무늬가 또렷한 것이 좋은 상품이에요.

✔ 이곳을 체크!
껍질에 두께감이 있는 것은 속살도 꽉 차 있어요.

✔ 이곳을 체크!
가볍게 만져 보았을 때 반응 있는 것이 신선도가 높아요.

제철달력

1 2 3 4 5 6 7 8 **9 10 11 12** 월

✔ 이곳을 체크!
전체적으로 동그스름한 것이 좋은 상품이에요.

✔ 이곳을 체크!
입이 단단히 닫혀 있거나 만지면 반응하는 것이 신선도가 좋아요.

✔ 이곳을 체크!
껍질 색은 산지에 따라 달라요.

선택 방법

바지락

이 성분에 주목!		영양가는 모시조개와 비슷
비타민B₁₂	68.4µg	해요. 망간에는 뼈를 튼튼
철분	8.3mg	하게 해주는 효과가 있어
망간	2.78mg	요. 식욕 증진 작용을 하는
100g당 64kcal		오르니틴도 풍부합니다.

제철달력

1 2 3 4 5 6 **7** 8 9 10 11 12 월

겨울
바지락

여름
바지락

모시조개는 3%, 바지락은 1% 농도의 소금물에 해감

바지락

모시조개

모시조개는 3% 농도 소금물을 담은 쟁반, 바지락은 1% 소금물을 담은 그릇에 넣어 냉암소에서 약 30분간 해감해요. 이후 신문지를 덮어 냉장실에 넣은 후 매일 소금물을 갈아줍니다.

보존법 1

❄ 냉 장

모양	생으로
기간	2~3일
장소	냉장실

보존백에 밀봉

해감 후 물기를 닦고 냉동용 보존백에 담아 냉동실에 넣으세요.

보존법 2

❄ 냉 동

모양	그대로
기간	2~3주일
해동 방법	냉장 해동, 언 상태로 조리

먹고 남은 것은 냉동 보존이 편리

가리비

제철달력

1 2 3 4 5 6 7 8 9 **10 11 12** 월

이 성분에 주목!	조개관자에는 타우린과
비타민B₂	0.29mg	같은 아미노산이나 칼륨
칼륨	310mg	이 많아요. 그 외 부분에
아연	2.7mg	는 비타민B₂나 B₁₂, 아연
100g당 72kcal	과 철분이 많습니다.

✔ **이곳을 체크!**
껍질이 붙어 있는 경우
입이 약간 벌어져 있다가 만지면
닫히는 것은 신선도가 좋아요.

✔ **이곳을 체크!**
조개관자는 살집이 좋고
도톰한 것이 좋은 상품이에요.

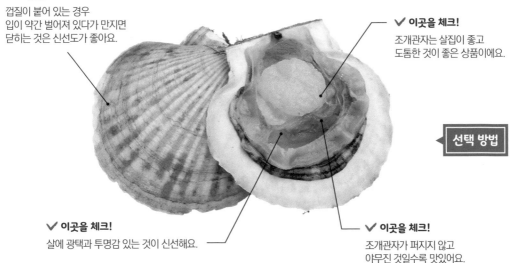

◄ 선택 방법

✔ **이곳을 체크!**
살에 광택과 투명감 있는 것이 신선해요.

✔ **이곳을 체크!**
조개관자가 퍼지지 않고
야무진 것일수록 맛있어요.

조미액에 절여

밀폐용기에 넣고 간장과 미림 등
으로 만든 조미액에 담가 하루 절
인 후 냉장실에 넣어요. 다음날 구
워서 먹습니다.

보존법 1

▌▌냉장

모양	몇 개 모아서
기간	절일 경우1일, 날것은 당일
장소	냉장실

랩과 포일로 이중으로 싸서

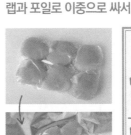

씻어서 물기를 닦은 뒤 겹치
지 않게 랩으로 싸세요. 그것
을 다시 알루미늄 포일로 싸
서 냉동실에 넣으세요.

보존법 2

❄ 냉동

모양	생으로
기간	2~3주일
해동 방법	냉장 해동, 흐르는 물에 해동

냉동하면 장기 보존도 가능.
랩으로 싸서 보존백에

명란젓

제철 달력

1	2	3	4	5	6	7	8	9	10	11	12	월

이 성분에 주목!

단백질	24.0g
비타민E	7.1mg
비타민B₁	0.71mg
100g당	140kcal

항산화 작용을 하는 비타민E 외에 비타민A, B군, C도 들어 있어요. 염분과 콜레스테롤이 높아 주의해야 합니다.

선택 방법

✔ 이곳을 체크!
분홍색에 투명감 있는 것이 신선도가 좋아요.

✔ 이곳을 체크!
껍질이 찢어지지 않은 것이 좋은 상품이에요.

✔ 이곳을 체크!
색이 너무 선명한 것은 첨가물이 들어 있을 가능성도 있으므로 주의하세요.

보존용기에 옮겨 담아

보존법 1

냉장

모양	하나씩
기간	5일~1주일
장소	냉장실

포장팩에서 꺼내 물기를 닦고 하나씩 랩으로 싸세요. 그리고 보존용기에 담아 밀폐해서 냉장실에 넣으세요.

랩으로 싸서 보존백에

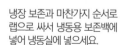

보존법 2

냉동

모양	하나씩
기간	1~3개월
해동 방법	냉장 해동, 반 해동

냉장 보존과 마찬가지 순서로 랩으로 싸서 냉동용 보존백에 넣어 냉동실에 넣으세요.

쓰기 편한 분량으로 나눠 냉동하면 편리

연 어 알

제 철 달 력

1 2 3 4 5 6 7 8 **9 10 11** 12 월

이 성분에 주목!

		비타민 중에서도 뼈를 강화
비타민D	44.0㎍	하는 비타민D, 조혈작용을
비타민B₁₂	47.3㎍	하는 B₁₂가 많아요. 구리는
구리	0.76mg	심장이나 혈관을 튼튼하게
100g당 272kcal		해주는 작용을 합니다.

✔ **이곳을 체크!**
탄력 있고 한 알 한 알 또렷하게
보이는 것이 좋은 상품이에요.

✔ **이곳을 체크!**
색이 선명한 것이 신선해요.

◀ **선택 방법**

✔ **이곳을 체크!**
막이 부드러운 것은
품질이 좋아요.

조미액에 담가!

사오자마자 바로 간장 등 조미
액을 담은 보존용기에 담가 밀
폐해서 냉장실이나 신선실에
넣으세요.

알루미늄컵을 활용

보존법 1

냉 장

모양	통째로
기간	3일
장소	냉장실, 신선실

보존법 2

냉 동

모양	작게 나눠서
기간	1개월
해동 방법	냉장 해동

알루미늄컵에 조금씩 나눠 담
은 후 보존용기에 넣어 냉동실
에 넣으세요.

냉동하면 높아지는 보존성

말린 뱅어

이 성분에 주목!

[건조하지 않은 뱅어]	
비타민D	46.0μg
나트륨	1600mg
칼슘	210mg

100g당 113kcal

칼슘과 그 흡수를 돕는 비타민D가 많아 뼈를 튼튼히 해줍니다. 염분이 염려된다면 무염 을 고르세요.

제철 달력

1 2 ③ ④ ⑤ 6 7 8 ⑨ ⑩ 11 12 월

선택 방법

✔**이곳을 체크!**
몸통에 살이 있어야 맛있어요.

✔**이곳을 체크!**
몸이 부러지지 않은 것이
좋은 상품이에요.

✔**이곳을 체크!**
누런빛이 보이는 것은
신선도가 낮을 가능성이 있어요.

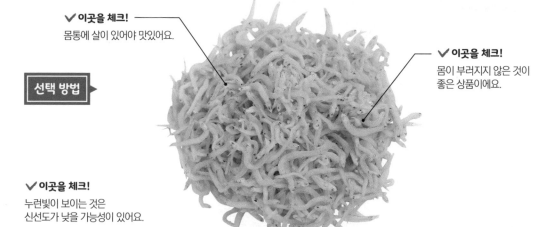

포장팩에서 꺼내 랩으로 싸서

보존법 1

❄ 냉장

모양	통째로
기간	3일
장소	냉장실

적당한 크기로 나눠 랩으로 단
단히 싸서 냉장용 보존백 담아
냉장실에 넣으세요.

작게 나눠서 냉동

보존법 2

❄ 냉동

모양	통째로
기간	1개월
해동방법	언 상태로 조리

쓰기 좋은 분량으로 나누고 랩
으로 싸서 냉동용 보존백에 담
아 냉동실에 넣으세요.

쓰기 편한 길이로 잘라두면
보존·조리가 간편

건다시마

제철달력

1 2 3 4 5 6 **7 8 9** 10 11 12 월

선택 방법

✓ 이곳을 체크!
두툼하고 윤기 있는
것이 맛있어요.

✓ 이곳을 체크!
좋은 상품은 짙은 녹갈색이며,
표면에 흰 가루가 묻어 있어요.

✓ 이곳을 체크!
습기를 머금지 않고 잘 마른 것이 품질이 좋아요.

보존법

🌡 상온

모양	잘라서
기간	10개월
장소	냉암소

잘라서
밀폐용기에 담아
쓰기 좋은 크기로 잘라 병을 비롯한 밀폐용기에 건조제와 함께 담아요. 습기 방지를 위해 여름에는 보존백에 담아 냉장이나 냉동합니다.

개봉 후에는 보존백에 담아 냉장 보존

미역

제철달력

1 2 **3 4 5** 6 7 8 9 10 11 12 월

선택 방법

✓ 이곳을 체크!
두껍고 탄력 있는
것일수록
맛있어요.

✓ 이곳을 체크!
건미역은 윤기 있고
크기가 가지런한 것이 좋아요.

✓ 이곳을 체크!
녹색 짙은 것이 좋은 상품이에요.

보존백에 밀봉해서
개봉 후에는 냉장용 보존백에 담아 잘 묶어 냉장실에 넣으세요. 건조 미역은 기본적으로 상온에 두어도 되지만 여름에는 냉장 보존합니다.

보존법 1

🧊 냉장

모양	통째로
기간	10일
장소	냉장실

바로 사용하지
않을 때는 냉동
염장 미역은 냉동용 보존백에 담아 냉동해도 됩니다. 개봉 전이라면 그대로 냉동실에 넣으세요.

보존법 2

❄ 냉동

모양	통째로
기간	1년
해동방법	냉장 해동, 또는 물에 담가서

생선의 단백질을 섭취.
염분에는 주의해야

어묵

지쿠와

이 성분에 주목!		흰살 생선의 어육을 으깨
단백질	12.2g	대나무 등에 말아서 구운
비타민B₁₂	0.8µg	것이에요. 비타민B₁₂가 조
칼슘	15mg	혈작용을 하여 빈혈 예방
100g당 121kcal		에 도움을 줍니다.

가 마 보 코

이 성분에 주목!		고단백·저지방·저칼
지질	0.9g	로리여서 다이어트에
나트륨	1000mg	추천해요. 뼈나 이를
칼슘	25mg	만드는 칼슘도 섭취할
100g당 95kcal		수 있습니다.

한 펜

이 성분에 주목!		어묵 중 염분이 적은 편이
단백질	9.9g	에요. 부드러워서 아이들
지질	1.0g	이나 고령자도 먹기 편하
나트륨	590mg	기 때문에 단백질원으로
100g당 94kcal		중요합니다.

[가마보코]
포장지에서 꺼내 랩으로

포장지에서 꺼내 랩으로 싸서
냉장실에 넣어요.

[지쿠와]
랩으로 단단히 밀봉해서

반으로 잘라 랩으로 단단히 싸
서 냉장실에 넣으세요.

[한펜]
랩으로 싸서 보존백에

랩으로 싼 뒤 냉장용 보존백에
넣어 냉장실에 넣으세요.

보존법

냉 장

모양	그대로, 잘라서
기간	4~5일
장소	냉장실

Chapter 3
고기 보존법

냉장이나 냉동 보존 모두 포장팩째로 두면 곤란해요.
전부 포장팩에서 꺼내 바로 랩으로
잘 싸두는 것이 포인트입니다.
가능한 한 공기에 닿지 않도록 해서
고기가 잡균에 노출되지 않도록 하면 부패를 막을 수 있습니다.

부위별 보존법으로
맛있게 보존

소고기

제철달력

1년 내내

이 성분에 주목!				
	[목심]	[등심]	[설도]	[앞다리살]
지질	34.7g	47.5g	18.7g	50.0g
단백질	13.8g	11.7g	19.2g	11.0g
철분	0.7mg	0.9mg	2.5mg	1.4mg
100g당	411kcal	498kcal	259kcal	517kcal

양질의 단백질이 풍부하게 들어 있어요. 철분과 조혈작용을 하는 비타민B$_{12}$도 많아 빈혈 예방과 개선에 효과적입니다.

✔ 이곳을 체크!
결이 촘촘하고 윤기가 있으며 색이 선명한 것이 좋아요.

✔ 이곳을 체크!
지방과 붉은 살의 경계가 또렷한 것이 좋은 상품이에요.

✔ 이곳을 체크!
품질 좋은 고기는 지방이 밝은 크림색을 띠고 있어요.

✔ 이곳을 체크!
마블링이 균등하게 든 것이 맛있어요.

선택 방법

[얇게 썰기 / 설도 등]
한 장씩 펴 랩으로 싸서 냉장용 보존백에

보존법 1

냉장

모양 | 1장씩

기간 | 2~3일(육류 보관실에서 1~2주일)

장소 | 냉장실, 육류 보관실

키친타월로 수분을 닦아내고 랩 위에 한 장씩 겹치지 않게 펼쳐서 쌉니다. 그다음 냉장용 보존백에 담아 냉장실이나 육류 보관실에 넣으세요.

[깍둑썰기 / 스테이크용]
랩으로 싸서. 밑간해도 좋아요

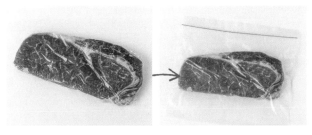

키친타월로 수분을 닦아내고 한 장씩 랩으로 단단히 싸서 냉장용 보존백에 담아 냉장실이나 신선실에 넣어요. 사용하기 편하게 소금·후추 등으로 밑간해서 보존해도 좋아요.

[앞다리]
겹치지 않게 펼쳐서

한 장씩 겹치지 않게 펼쳐서 랩으로 싼 후 냉장용 보존백에 넣어요.

[얇게 썰기 / 설도 / 앞다리살]
랩으로 싸서 냉동용 보존백에

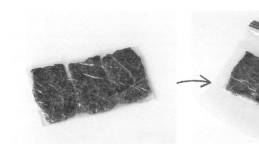

수분을 닦아내고 랩 위에 겹치지 않게 펼쳐서 꼼꼼히 싸세요. 그다음 냉동용 보존백에 담아 냉동실에 넣으세요.

보존법 2

❄ **냉동**

모양	한 장씩, 나눠서
기간	1개월
해동 방법	냉장 해동, 언 상태로 조리 (스테이크용은 냉장 해동)

[깍둑썰기 / 스테이크용]
스테이크용은 삼중, 깍둑썰기한 것은 이중으로 싸서 보존

스테이크용 고기는 한 장씩 랩으로 싸고 거기에 알루미늄 포일로 또 쌉니다. 금속 쟁반에 얹어 냉동한 후 냉동용 보존백에 넣어 냉동실에 보존하세요. 깍둑썰기한 고기는 소금·후추를 뿌리고 랩으로 싸서 냉동용 보존백에 넣으세요.

부위에 따라 달리 보존.
밑간을 해도 좋아요

돼 지 고 기

제철달력

1년 내내

선택 방법

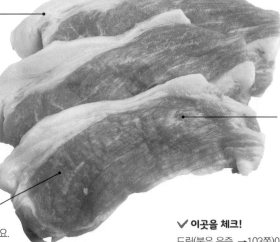

✔ **이곳을 체크!**
신선한 것은 지방이 하얗고
광택이 나요.

✔ **이곳을 체크!**
품질 좋은 고기는 선홍색으로
반들거려요.

✔ **이곳을 체크!**
붉은 살의 주름이 잘고
탄력 있는 것이 맛있어요.

✔ **이곳을 체크!**
드립(붉은 육즙. →103쪽)이 적은 것은 신선도가 높아요.

돈가스용을

실험실 보고서!

Ⓐ 랩 + 보존백
Ⓑ 랩 + 알루미늄 포일 + 보존백 **으로 2주일 보존해 봤다!**

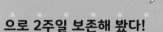

10일 후

냉동실에서 꺼내 봤을 때는 별 변화가 없는 것 같았지만 프라이팬에 구워 먹어
보니 '랩 + 알루미늄 포일 + 보존백' 쪽이 부드럽고 탄력이 있었어요. 나중에도
맛있게 먹으려면 역시 올바른 보존법을 이용해야겠습니다.

[뒷다리살 / 삼겹살 / 등심]
한 장씩 펴 랩으로 싸서

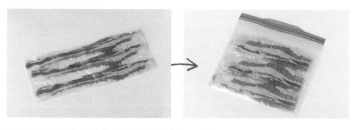

키친타월로 수분을 닦아내고 랩 위에 겹치지 않게 펼쳐서 꼼꼼히 싸세요. 그다음 냉장용 보존백에 담아 냉장실이나 신선실에 넣습니다.

보존법 1

냉장

모양	1장씩, 통째로
기간	2~3일
장소	냉장실, 신선실

[돈가스용]
한 장씩 랩으로 싼다

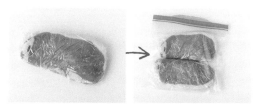

키친타월로 수분을 닦아내고 한 장씩 랩으로 꼼꼼히 싼 뒤 냉장용 보존백에 담아 냉장실이나 신선실에 보존하세요.

[안심]
통째로 랩으로 싼다

키친타월로 수분을 닦아내고 랩을 가지고 통째로 꼼꼼히 쌉니다. 냉장용 보존백에 담아 냉장실이나 신선실에 넣으세요.

[뒷다리살 / 삼겹살 / 등심 / 안심]
랩으로 잘 싸서 냉동용 보존백에

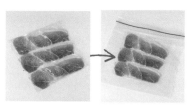

냉장 보존방법과 같은 순서로 랩으로 싸서 냉동용 보존백에 담아 냉동실에 넣으세요.

[돈가스용]
랩과 알루미늄 포일, 보존백으로 밀폐

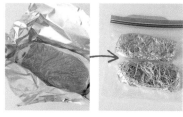

한 장씩 랩으로 싸고 다시 알루미늄 포일로 쌉니다. 금속 쟁반에 얹어 냉동한 후 냉동용 보존백에 담아 냉동실에 보존하세요.

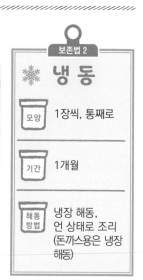

보존법 2

냉동

모양	1장씩, 통째로
기간	1개월
해동방법	냉장 해동, 언 상태로 조리 (돈까스용은 냉장 해동)

두께를 균등하게 하는 것이 포인트.
상하기 쉬우니까 얼른 먹어야

닭고기

제철달력

1년 내내

이 성분에 주목!

	[가슴살]	[다리살]	[안심]
단백질	21.3g	16.6g	23.0g
비타민A	18㎍	40㎍	5㎍
나이아신	11.2mg	4.8mg	11.8mg
100g당	145kcal	204kcal	105kcal

필수아미노산의 균형이 좋고 지질도 양질이에요. 껍질에는 눈과 점막의 건강을 지켜주는 비타민A가 많이 들어 있습니다.

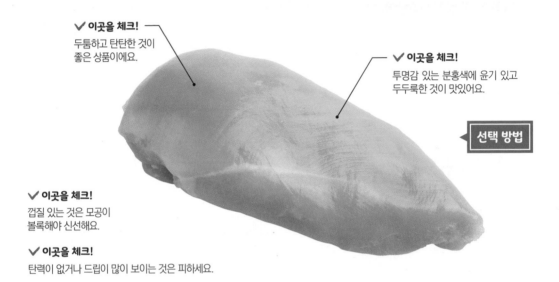

✔ 이곳을 체크! —
두툼하고 탄탄한 것이
좋은 상품이에요.

✔ 이곳을 체크!
투명감 있는 분홍색에 윤기 있고
두두룩한 것이 맛있어요.

선택 방법

✔ 이곳을 체크!
껍질 있는 것은 모공이
볼록해야 신선해요.

✔ 이곳을 체크!
탄력이 없거나 드립이 많이 보이는 것은 피하세요.

실험실 보고서!

세 가지 방법으로
냉동 → 해동해 보았습니다

Ⓐ 랩으로 싸서 냉동용 보존백에
Ⓑ 랩으로만 싸서
Ⓒ 랩으로 싸서 금속 쟁반에 올려 냉동 후
　냉동용 보존백에

2주일의 냉동 후 각각 냉장실로 옮겨 해동해 구워 보니 맛있게 된 것은 Ⓐ 와 Ⓒ 푸석푸석하지 않고 육즙이 살아 있었어요 Ⓑ는 절단면을 보면 알 수 있듯이 감칠맛이나 수분이 날아가 푸석하고 뻣뻣한 식감이 느껴졌습니다.

[다리살 / 가슴살 / 안심]
될수록 밑간을 해두면 좋다

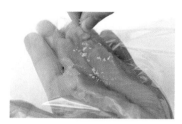

소금과 술을 약간 뿌려서 밑간한 후 랩으로 싸면 잘 상하지 않아요.

넓게 펴서 랩으로 싼다

잡아당겨 얇게 펴서 키친타월로 수분을 닦고 랩으로 싸 냉장실이나 신선실에 넣습니다.

보존법 1

냉장

모양	하나씩
기간	1~2일
장소	냉장실, 신선실

[다리살 / 가슴살]
잘라서 랩으로 싼 뒤 냉동용 보존백에

먹기 좋은 크기로 자르고 소금과 술을 뿌려 조금 재우세요. 수분을 닦아내고 쓰기 편한 양으로 나눠 랩으로 싼 뒤 냉동용 보존백에 담아 냉동실에 넣습니다.

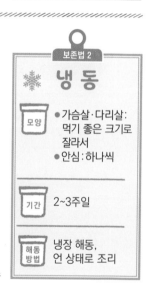

보존법 2

냉동

모양	●가슴살·다리살: 먹기 좋은 크기로 잘라서 ●안심 : 하나씩
기간	2~3주일
해동 방법	냉장 해동, 언 상태로 조리

[안심]
하나씩 랩으로 싸서 얼린 뒤 냉동용 보존백에

힘줄을 제거하고 두께를 균등하게 만들어 놓고 표면의 수분을 닦아내세요. 하나씩 랩으로 싸서 금속 쟁반에 올려 냉동한 다음 언 것을 냉동용 보존백으로 옮겨 냉동 보존합니다.

특히 상하기 쉬운 고기.
공기에 닿지 않게 밀폐 보존

다진 고기

선택 방법

다진 소고기

✔ **이곳을 체크!**
윤기가 있고 붉은색이
선명한 것을 선택하세요.

다진 돼지고기

✔ **이곳을 체크!**
윤이 나는 분홍색을 선택하세요.

다진 닭고기

✔ **이곳을 체크!**
밝은 분홍색에 윤기 있는 것을
선택하세요.

다진 혼합육

✔ **이곳을 체크!**
윤기 있고 색이 거무칙칙하지
않은 것을 선택하세요.

+α 보존법

볶아서 보존하는 것도 가능

다진 고기는 볶아서 보존하는 것도 가능합니
다. 다진 고기(300g)를 다진 생강과 함께 볶아
설탕, 간장, 술(각각 2~3큰술) 등을 넣고 조려
부슬부슬하게 만드세요. **냉동 보존해 두면 전자
레인지로 해동하여 간편하게 사용할 수 있습니다.**

볶아낸 고기는 용기에서 한
숨 식힌 후 1회 분량씩 랩
으로 싸서 냉동용 보존백에
넣어 냉동실에 넣습니다.

나눠서 랩으로 싼다

보존법 1

냉장

모양	통째로
기간	1~2일
장소	냉장실, 신선실

키친타월로 수분을 닦아내고 랩으로 단단히 싸서 냉장용 보존백에 담아 냉장실이나 신선실에 보존하세요.

랩으로 단단히 싸서 냉장용 보존백에

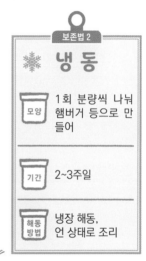

보존법 2

냉동

모양	1회 분량씩 나눠 햄버거 등으로 만들어
기간	2~3주일
해동 방법	냉장 해동, 언 상태로 조리

수분을 닦아내고 1회 분량씩 랩으로 단단히 싸서 냉동용 보존백에 담아 냉동실에 넣으세요.

[다진 소고기]
햄버거 재료로 만들어 냉동

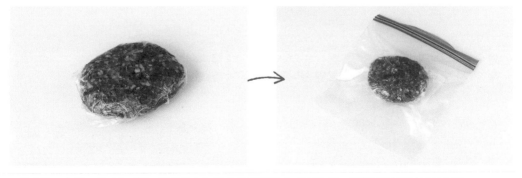

소금·후추로 밑간하고 둥그런 모양을 만들어 햄버거 재료로 만들어 랩으로 싸서 냉동용 보존백에 담아 냉동실에 넣으세요.

건조 주의!
개봉하면 바로 랩&보존백에

햄·베이컨·소시지

베이컨

✔ **이곳을 체크!**
살과 지방층이 깔끔한 것은
품질이 좋아요.

햄

✔ **이곳을 체크!**
치밀한 육질이 좋은 상품이에요.
지방이 적은 것을 고르세요.

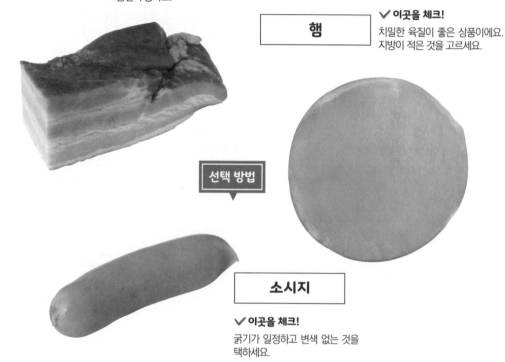

선택 방법

소시지

✔ **이곳을 체크!**
굵기가 일정하고 변색 없는 것을
택하세요.

실험실 보고서!

슬라이스 베이컨을
두 가지 방법으로 냉동시켜 보았습니다

Ⓐ 베이컨과 베이컨 사이에 랩
Ⓑ 랩 없이 그냥 겹쳐서 냉동

Ⓐ는 냉동 전의 맛을 유지했지만 Ⓑ는 훈제향이 너무 낮어
요. 베이컨과 베이컨 사이에 랩을 한 장씩 끼워 넣는 것은 손
이 많이 가는 방법이지만 그만큼 맛있게 먹을 수 있음을 알
았습니다!

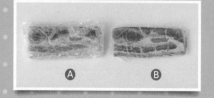

Ⓐ   Ⓑ

[베이컨]
랩으로 싸서 냉장용 보존백에

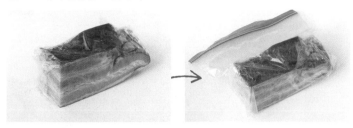

통째로 랩으로 꼼꼼히 싸서 냉장용 보존백에 넣어 냉장실에 넣으세요. 슬라이스 베이컨도 랩으로 싸서 보존합니다.

[햄]
사용하기 좋은 분량으로
나누고 랩으로 싸서

1회 분량씩 나눠 랩으로 잘 싸세요. 냉장용 보존백에 넣어 냉장실에 보존합니다.

[소시지]
하나씩 랩으로 싸서 냉장용 보존백에

개봉 후에는 상하기 쉬워요. 포장팩에서 꺼낸 것은 하나씩 랩으로 싸서 냉장용 보존백에 넣어 냉장실에 보존합니다.

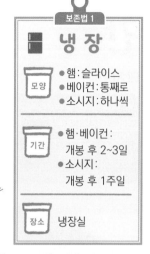

보존법 1

냉장

모양	●햄 : 슬라이스 ●베이컨 : 통째로 ●소시지 : 하나씩
기간	●햄·베이컨 : 　개봉 후 2~3일 ●소시지 : 　개봉 후 1주일
장소	냉장실

고기 보존법 Ⅰ 햄/베이컨·소시지

[베이컨·햄·소시지]
랩으로 잘 싸서 냉동용 보존백에

하나씩 랩으로 싸서 냉동용 보존백에 넣으세요. 햄은 랩으로 싼 다음 금속 쟁반에 얹어 냉동, 언 것을 냉동용 보존백에 넣어 보존합니다.

[슬라이스 베이컨]
랩을 중간에 겹겹이 끼워서 보존

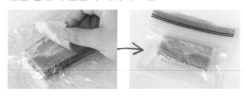

슬라이스 베이컨과 베이컨 사이에 랩을 끼워 쌓으세요. 그리고 꼼꼼하게 싼 뒤 냉동용 보존백에 넣습니다.

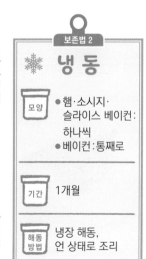

보존법 2

냉동

모양	●햄·소시지· 　슬라이스 베이컨 : 　하나씩 ●베이컨 : 통째로
기간	1개월
해동 방법	냉장 해동, 언 상태로 조리

밑손질 후 냉장 보존이 최선

간

돼지간

이 성분에 주목!	
비타민A	13000μg
비타민B₂	3.60mg
철분	13.0mg
100g당 128kcal	

철분은 소간의 3배, 닭간의 약 1.4배 많아요. 피부를 건강하게 지켜주는 비타민B₂가 많이 함유되어 있는 것도 특징입니다.

소간

이 성분에 주목!	
비타민B₁₂	52.8μg
철분	4.0mg
구리	5.30mg
100g당 132kcal	

철분과, 철분이 헤모글로빈을 만들 때 필요한 구리, 조혈작용을 하는 비타민B₁₂가 풍부해요. 빈혈예방에 좋습니다.

선택 방법

✔ 이곳을 체크!
깔끔한 암적색에 탄력·윤기 있는 것이 좋은 상품이에요.

✔ 이곳을 체크!
탱탱한 것이 맛있어요.

✔ 이곳을 체크!
거무스름하거나 탄력 없어 보이는 것은 오래된 것이니 피하세요.

닭간

이 성분에 주목!	
비타민A	14000μg
엽산	1300μg
철분	9.0mg
100g당 111kcal	

비타민A는 소간의 13배나 됩니다. 임신 중에 필요한 엽산을 많이 함유하고 있어요. 엽산은 적혈구 합성을 도와주는 작용도 합니다.

피를 빼고 랩으로 싸서 보존

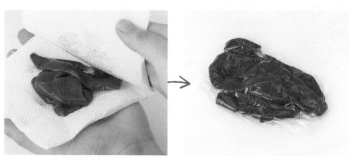

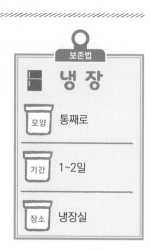

보존법

🧊 냉 장

모양	통째로
기간	1~2일
장소	냉장실

묽은 소금물에 담가 피를 뺀 뒤, 키친타월로 수분을 꼼꼼히 닦아내고 랩으로 싸서 냉장실에 보존하세요. 상하기 쉬우므로 가열 조리하여 되도록 빨리 먹습니다.

Chapter 4
과일 보존법

과일은 상온에서 보존할 수 있는 것이 많습니다.
냉장실이나 채소실 온도도 과일에게는 낮을 수 있습니다.
과일에 따른 올바른 방법으로 보존하여 신선도를 유지합시다.

겨울 이외에는 냉장.
냉동귤로 만들어도 좋아요

감귤

제철 달력

1	2	3	4	5	6	7	8	9	10	11	12	월

노지
감귤

하우스
감귤

이 성분에 주목!

베타카로틴	1000μg
비타민E	0.4mg
비타민C	35mg
100g당	45kcal

껍질의 하얀 부분이나 심지
에는 혈액 순환을 좋게 해준
다는 비타민P(루틴)이 들어
있어요. 그래서 버리지 말고
먹는 것이 좋습니다.

✔ 이곳을 체크!
만졌을 때 푹신푹신한 것은
단맛이 떨어지므로 피하세요.

✔ 이곳을 체크!
납작한 느낌에
작은 것이
단맛이 강해요.

✔ 이곳을 체크!
껍질이 다소 얇고 전체적으로
탄력 있는 것이 맛있어요.

✔ 이곳을 체크!
껍질이 짙은 오렌지색이고
얼룩 없는 것이 좋은 과일이에요.

✔ 이곳을 체크!
향이 좋고 묵직한 것을
선택하세요.

선택 방법

바구니에 담아 보존

바구니 등 통기성이
좋은 곳에 넣어 통풍
이 잘 되는 냉암소에
보존하세요.

보존법 1

🌡 상온	
모양	통째로
기간	2주일~1개월 (겨울에만)
장소	통풍이 잘 되는 냉암소

비닐봉지에 넣고 입구를 잘 묶어서

건조를 막기 위해 비닐봉
지에 넣고 입구를 꽉 묶어
두세요. 저온장해를 막기
위해 10도 정도의 채소실
에 보존하세요

보존법 2

■ 냉장	
모양	통째로
기간	1~2개월
장소	채소실

물에 담갔다가 냉동

물로 잘 씻은 후 물에 담갔다가 랩을 깐
금속 쟁반에 얹어 냉동하세요. 언 것을 다
시 물에 담갔다가 다시 쟁반에 얹어서 얼
음 막을 만든 뒤에 냉동용 보존백에 넣으
세요.

보존법 3

❄ 냉동	
모양	통째로
기간	1~2개월
해동 방법	냉장 해동, 반 해동

기본은 상온 보존,
냉장하려면 단단히 밀폐해야

사 과

제철 달력

1 2 3 4 5 6 7 8 **9 10 11** 12 월

이 성분에 주목!		펙틴 같은 식이섬유가
[껍질째인 경우]		많아 변비 해소에 좋아
베타카로틴	27μg	요. 빨간 껍질에는 베
비타민C	6mg	타카로틴이나 항산화
식이섬유	1.9g	성분인 안토시아닌이
100g당 61kcal		풍부합니다.

✔ **이곳을 체크!**
꼭지가 중심에 제대로
붙어 있는 것이 맛있어요.

✔ **이곳을 체크!**
꼭지 주변 색이 균등한 것이
좋은 상품이에요.

선택 방법

✔ **이곳을 체크!**
아랫부분이 야무지게 오므라져
있는 것은 품질이 좋아요.

✔ **이곳을 체크!**
향이 좋고 묵직한 것을
선택하세요.

바구니에 담아

온도 차가 있으면 상하기
쉬워요. 바구니 등 통기
성이 좋은 곳에 담아 통
풍이 잘 되는 냉암소에
보관하세요.

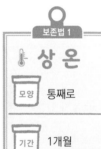

보존법 1

🌡 **상 온**

모양	통째로
기간	1개월
장소	통풍이 잘 되는 냉암소

비닐백에 넣어 밀폐

사과에는 과일을 숙성시키는
에틸렌가스가 많이 발생해요.
다른 과일과 함께 냉장할 경우
에는 비닐백에 넣어야 합니다.

보존법 2

냉 장

모양	통째로
기간	2~3개월
장소	채소실

슬라이스 형태의 냉동이 기본

통째로 냉동하면 좋지 않아요.
껍질을 벗기고 씨를 제거한 후
슬라이스 형태로 썰어 냉동용
보존백에 겹치지 않도록 담으
세요.

보존법 3

❄ **냉 동**

모양	슬라이스
기간	1개월
해동 방법	반 해동

얼른 먹어야 하고,
남은 것은 설탕에 버무려 냉동 보존

딸기

제철 달력

| 1 | 2 | 3 | 4 | 5 | 6 | 7 | 8 | 9 | 10 | 11 | 12 | 월 |

하우스   노지
딸기   딸기

이 성분에 주목!

베타카로틴	18μg
엽산	90μg
비타민C	62mg
100g당 34kcal	

풍부한 비타민C가 빠져 나가지 않도록 먹기 직전에 빨리 씻고 꼭지를 따야 합니다. 조혈작용을 하는 엽산도 많아요.

선택 방법

✔이곳을 체크!
신선한 것은 꼭지가 짙은 녹색이며 가볍게 말려 있어요.

✔이곳을 체크!
알맹이가 깔끔한 것이 좋은 상품이에요.

✔이곳을 체크!
겉이 선명한 붉은색이며 꼭지 부근까지 색이 들어 있는 것이 맛있어요.

✔이곳을 체크!
붉은색이 진한 것은 달고, 옅은 것은 신맛이 강할 수 있어요.

포장팩째로 채소실에

포장팩째로 채소실에 넣어 보관하는 것이 최적이에요. 남은 것은 잼으로 만들면 냉장실에서 1~2개월 보존할 수 있습니다.

보존법 1

냉장

모양	포장팩째로
기간	5일~1주일
장소	채소실

설탕에 버무려 보존백에

딸기는 냉동시키면 단맛이 떨어져요. 씻어서 물기를 없애고 꼭지를 뗀 뒤 딸기 양 대비 5~10퍼센트 분량의 설탕에 버무리세요. 설탕이 스며들게 한 다음 냉동용 보존백에 넣어 냉동실에 넣으세요.

보존법 2

냉동

모양	통째로
기간	1개월
해동 방법	반 해동

장기보존은 채소실.
과육은 냉동해도 좋아요!

오렌지

제철달력

1 2 3 (4 5 6 7 8 9 10) 11 12 월

이 성분에 주목!

비타민C	40mg
칼륨	140mg
식이섬유	0.8g
100g당 39kcal	

비타민C와 식이섬유는 감귤보다 많아요. 항은 리모넨이라는 성분에 의한 것인데, 신경안정 효과가 있습니다.

✔이곳을 체크!
꼭지가 작은 것이
좋은 상품이에요.

선택 방법

✔이곳을 체크!
들어봤을 때 묵직한 것이
맛있어요.

✔이곳을 체크!
껍질이 선명한 오렌지색이고
탄력·윤기 있는 것은 품질이 좋아요.

비닐백에 담아 채소실에

보존법 1

냉장

모양	통째로
기간	• 통째로: 3주일~1개월 • 잼:1~2개월
장소	• 통째로: 채소실 • 잼: 냉장실

건조되지 않도록 비닐백에
담아 채소실에 보존하세요.
잼으로 만들어 냉장 보존하
는 것도 좋은 방법입니다.

껍질을 벗겨서 냉동

보존법 2

냉동

모양	껍질을 벗겨서
기간	1개월
해동 방법	반 해동

껍질을 벗겨 과육만 겹치지
않게 보존백에 담으세요. 껍
질은 잘게 썰어 설탕에 재었
다가 말려서 오렌지 필로 이
용할 수도 있습니다.

숙성이 덜 된 파란 것은
완숙 전까지 상온 보존

아보카도

이 성분에 주목!		올레산과 리놀레산
지질	18.7g	같은 불포화지방산,
비타민E	3.3mg	비타민E가 많아 강
칼륨	720mg	한 항산화 작용을 기
100g당 187kcal		대할 수 있습니다.

✔ **이곳을 체크!**
탄력·윤기가 있고, 너무 단단하지도
너무 물렁거리지도 않는 것이 좋아요.

꼭지가 제대로
붙어 있는 것이
맛있어요.

✔ **이곳을 체크!**
깔끔한 계란형인 것이
좋은 상품이에요.

✔ **이곳을 체크!**
껍질이 거무스름해진 것은
잘 익은 거예요.

선택 방법

**딱딱한 것을 샀을 때는
상온 보존**
사과나 바나나를 아
보카도와 함께 비닐
백에 넣으면 사과나
바나나에서 나오는
에틸렌가스로 후숙이
됩니다.

**통째로 보존할 때는
비닐백에 넣어서**

완숙 아보카도는 더 숙성이 진행되지 않도
록 냉장 보존하세요. 통째로 비닐백에 넣어
채소실에 넣습니다.

**자른 뒤에는
레몬즙을 발라 랩으로**

절단면이 변색하지 않도록 레몬즙을 발라
랩으로 싸세요. 공기에 닿는 면이 넓을수록
상하기 쉬우므로 씨는 그대로 둡니다.

보존법 1

 냉장

모양	통째로, 잘라서
기간	●통째로:3~4일 ●잼:2~3일
장소	●통째로:채소실 ●잘라서:냉장실

먹기 좋은 크기로 잘라 랩으로 싸서 보존백에

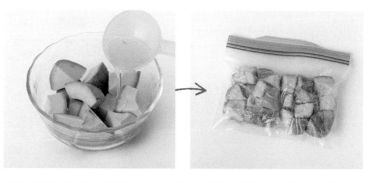

보존법 2
❄ 냉동

모양	한입 크기로 잘라서
기간	2~4주일
해동방법	상온 해동

껍질을 벗기고 씨를 뺀 뒤 먹기 좋은 크기로 자른 후 변색하지 않도록 레몬즙을 바르세요. 랩으로 싸서 냉동용 보존백에 담아 냉동실에 넣습니다.

기본은 채소실 보존.
남은 것은 냉동시켜 셔벗으로

배

제철 달력

1 2 3 4 5 6 7 8 **9 10** 11 12 월

이 성분에 주목!

탄수화물	11.3g
칼륨	140mg
식이섬유	0.9g
100g당 43kcal	

칼륨이 많아 혈압을 내려주는 효과를 기대할 수 있어요. 식이섬유도 있어 장을 자극해 주기 때문에 변비 개선에 좋습니다.

✔ **이곳을 체크!**
꼭지가 두껍고
한가운데 있는 것은
품질이 좋아요.

✔ **이곳을 체크!**
크고 묵직한 것이
맛있어요.

✔ **이곳을 체크!**
결이 나 있고, 엉덩이 쪽이
탱탱한 것은 좋은 과일이에요.

선택 방법

보존법 1
▮ 냉장

모양	통째로
기간	1주일
장소	채소실

랩으로 싸서 비닐백에
건조하지 않도록 1개씩 랩으로 잘 싸세요. 꼭지를 아래쪽으로 하여 비닐백에 담아 채소실에 넣습니다.

보존법 2
❄ 냉동

모양	슬라이스
기간	1개월
해동방법	반 해동

슬라이스로 썰어 냉동
껍질을 벗겨 씨를 발라내고 슬라이스로 썰어 겹치지 않게 보존백에 담으세요. 먹을 때는 반 해동시켜 셔벗으로 먹습니다.

딱딱한 것은 상온,
다 익은 것은 냉장 보존

키위

제철달력

1년 내내

이 성분에 주목!		식이섬유인 펙틴이 사
비타민E	1.3mg	과보다 많아요. 단백질
비타민C	69mg	분해효소인 액티니딘
식이섬유	2.5g	이 고기나 생선의 소화
	100g당 53kcal	를 돕습니다.

✔ 이곳을 체크!
표면의 솜털이 빈틈없이
빽빽한 것이 좋은 상품이에요.

선택 방법

✔ 이곳을 체크!
깔끔한 쌀알 모양인 것은
품질이 좋아요.

✔ 이곳을 체크!
딱딱한 것은 덜 익은 것이므로
사과 등과 함께 보존하여 후숙시키세요.

✔ 이곳을 체크!
꼭지 부분에 탄력이 있으면
잘 익은 것이에요.

실험실 보고서!

사과, 바바나와 함께 담아 후숙시켜 보았습니다!

후숙 전에는 아주 딱딱했지만 후숙 후
에는 만져봐도 부드러워졌고 **풍미나 단
맛도 생겨 맛있어졌습니다. 익힐수록 베타
카로틴이 늘어나서** 색이 더 진해집니다.

후숙 전

7일 후

후숙 후

바구니에 넣어서

덜 익은 것은 바구니에 담아 통풍이 잘 되는 곳에 보존하여 후숙시킵니다.

빨리 먹고 싶을 때는

체크!
실험실 보고서

사과나 바나나와 함께 비닐백에 넣어 에틸렌가스 효과로 후숙시키면 좋아요.

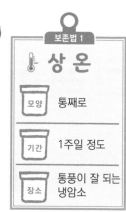

보존법 1
🌡 **상온**

모양	통째로
기간	1주일 정도
장소	통풍이 잘 되는 냉암소

꼭지 따는 법

키위의 끝 부분을 과일칼로 한 바퀴 둥글게 돌려 칼집을 내세요. 꼭지에 엄지손가락을 대고 누르면서 비틀면 간단하게 꼭지가 빠집니다.

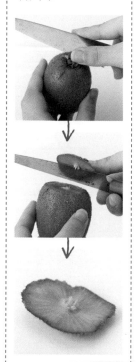

비닐백에 넣어 채소실에 보존

다 익은 것은 더 숙성되지 않도록 냉장 보존합니다. 비닐백에 넣어 채소실에 넣으세요.

보존법 2
🧊 **냉장**

모양	통째로
기간	2주일
장소	채소실

슬라이스 형태로 보존백에

껍질을 벗겨 동그랗게 잘라 겹치지 않도록 냉동용 보존백에 넣어 냉동하세요.

보존법 3
❄ **냉동**

모양	슬라이스
기간	1개월
해동 방법	반 해동

서늘한 계절에는 상온 보존.
먹기 전에는 껍질을 잘 닦아서

그레이프프루트

이 성분에 주목!		나린진과 리모넨이라는
비타민B₂	0.07mg	플라보노이드에 의한 씁
비타민C	36mg	쓸한 맛이 특징이에요.
칼륨	140mg	생활습관병 예방 효과를
100g당 38kcal		기대할 수 있습니다.

제철 달력

1년 내내

선택 방법

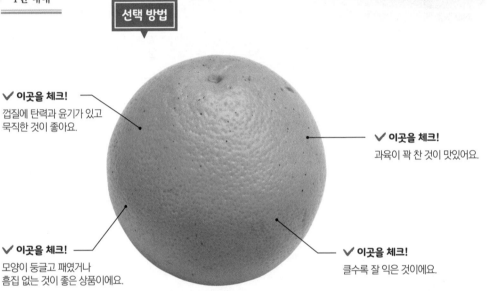

✔ **이곳을 체크!**
껍질에 탄력과 윤기가 있고
묵직한 것이 좋아요.

✔ **이곳을 체크!**
과육이 꽉 찬 것이 맛있어요.

✔ **이곳을 체크!**
모양이 둥글고 패였거나
흠집 없는 것이 좋은 상품이에요.

✔ **이곳을 체크!**
클수록 잘 익은 것이에요.

통풍이 잘 되는 곳에 보존

보존법 1

🌡 **상온**

모양	통째로
기간	3~6일
장소	서늘한 장소

바구니처럼 통기성 좋은 그릇에 담아 서늘한 장소에서 상온 보존하세요.

비닐백에 밀봉하여 채소실에

보존법 2

냉장

모양	통째로
기간	2~3주일
장소	채소실

건조를 막기 위해 비닐백에 담아 채소실에 넣으세요. 냉동하려면 껍질을 벗기고 냉동용 보존백에 담아 얼립니다.(→145쪽 참조)

휘어진 부분이 위로 향하게
엎어서 상온 보존

바나나

제철달력

1년 내내

이 성분에 주목!

탄수화물	22.5g
칼륨	360mg
식이섬유	1.1g
100g당 86kcal	

설탕, 포도당, 과당, 전분 등 다양한 당질이 들어 있어요. 강한 항산화 작용을 하는 폴리페놀도 풍부합니다.

꼭지가 잘 붙어 있고, 굵고 짧은 것이 좋은 상품이에요.

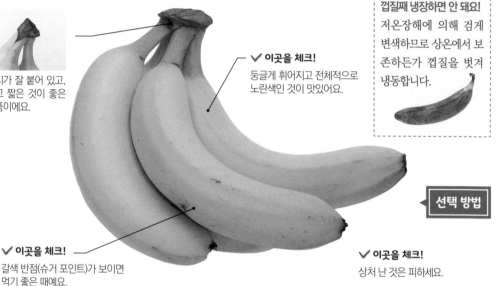

✔ 이곳을 체크!
둥글게 휘어지고 전체적으로 노란색인 것이 맛있어요.

껍질째 냉장하면 안 돼요!
저온장해에 의해 검게 변색하므로 상온에서 보존하든가 껍질을 벗겨 냉동합니다.

✔ 이곳을 체크!
갈색 반점(슈거 포인트)가 보이면 먹기 좋은 때예요.

선택 방법

✔ 이곳을 체크!
상처 난 것은 피하세요.

엎어서 둔다

그대로 놓으면 전체의 무게 때문에 아래쪽이 뭉개져요. 휘어진 부분이 위로 향하게 엎어 두거나 매달아 보존합니다.

보존법 1

🌡 **상온**

모양	통째로
기간	3~4일
장소	통풍이 잘 되는 장소

냉동해 셔벗으로

껍질을 벗겨 그대로 랩으로 싸서 냉동하세요. 그것을 갈면 셔벗이 됩니다. 둥글게 썰어 레몬즙을 발라 냉동해도 좋아요.

보존법 2

❄ **냉동**

모양	껍질을 벗겨 통째로, 동글썰기
기간	1개월
해동 방법	반 해동

기본은 냉장.
냉동할 때에는 용도에 따라

레몬

제철달력

1 2 3 4 5 6 7 8 **9 10 11 12** 월

국내산

이 성분에 주목!

비타민C	100mg
칼륨	130mg
칼슘	67mg
100g당 54kcal	

비타민C 함유량은 감귤류 중 최상이에요. 신맛은 구연산 때문인데, 이는 철분과 칼슘의 흡수를 돕습니다.

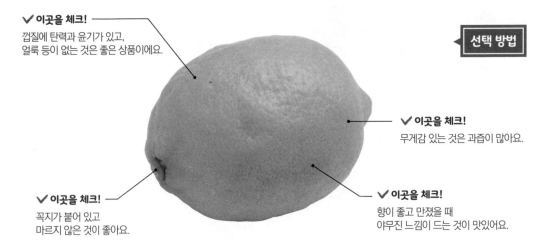

선택 방법

✔ **이곳을 체크!**
껍질에 탄력과 윤기가 있고,
얼룩 등이 없는 것은 좋은 상품이에요.

✔ **이곳을 체크!**
무게감 있는 것은 과즙이 많아요.

✔ **이곳을 체크!**
꼭지가 붙어 있고
마르지 않은 것이 좋아요.

✔ **이곳을 체크!**
향이 좋고 만졌을 때
야무진 느낌이 드는 것이 맛있어요.

랩이나 비닐백으로 건조 방지

보존법 1

▤ 냉장

모양	통째로, 잘라서
기간	●통째로 : 1개월 ●잘라서 : 4~5일
장소	채소실

쓰고 남은 레몬은 마르지 않도록 랩으로 싸세요. 자르지 않은 상태면 그대로 비닐백에 담아 채소실에 넣으세요. 설탕이나 꿀에 절이면 냉장실에서 2개월 보존 가능합니다.

과즙을 얼려 두면 편리

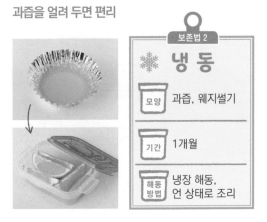

보존법 2

❄ 냉동

모양	과즙, 웨지썰기
기간	1개월
해동 방법	냉장 해동, 언 상태로 조리

과즙을 짜서 알루미늄 컵 등에 담아 냉동해 두면 주스나 홍차 등에 쓰기 편해요. 레몬을 잘라서 밀폐용기에 넣어 냉동시켜도 좋아요.

거꾸로 세워 보존하면
단맛이 고루 퍼져

파인애플

제철달력

| 1 | 2 | 3 | 4 | 5 | 6 | 7 | 8 | 9 | 10 | 11 | 12 | 월 |

이 성분에 주목!

비타민B₁	0.08mg
비타민C	27mg
망간	0.76mg
100g당 51kcal	

망간은 뼈를 튼튼하게 해 주는 작용을 해요. 단백질 분해효소인 브로멜라인도 풍부해서 속이 더부룩한 것을 예방해 줍니다.

선택 방법

✔ **이곳을 체크!**
잘려 있는 것은 과즙이 흘러나오지 않은 것을 고릅니다.

✔ **이곳을 체크!**
잎이 진한 녹색인 것은 좋은 상품이에요.

✔ **이곳을 체크!**
열매 아래쪽이 불룩한 것이 단맛이 강하고 맛있어요.

잎을 아래로 하고 신문지로 싸서

잎을 아래로 하여 보존하면 열매 밑에 모였던 당분이 전체적으로 퍼집니다. 마르지 않도록 신문지로 싸두세요. 잎이 길면 잘라도 됩니다.

보존법 1

냉장

모양	통째로
기간	4~5일
장소	채소실

먹기 좋은 크기로 잘라 보존백에

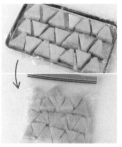

자른 것은 냉장보다 냉동 보존해야 합니다. 한입 크기로 잘라 랩으로 깐 금속 쟁반에 얹어 냉동실에 넣고 얼리세요. 언 것은 냉동용 보존백에 옮겨 다시 넣습니다.

보존법 2

냉동

모양	한입 크기로 잘라서
기간	2개월
해동 방법	반 해동

153 ·

멜론

먹기 직전에 차갑게 해주고 자른 것은 채소실에

제철 달력

1 2 3 4 **5 6 7 8** 9 10 11 12 월

노지
멜론

✔ 이곳을 체크!
향기가 나고 바닥이 부드러워지면 먹기 좋은 때예요.

✔ 이곳을 체크!
그물눈이 있는 멜론의 경우 가는 것이 당도가 높아요.

✔ 이곳을 체크!
좌우 대칭으로 완전한 구형인 것은 품질이 좋아요.

선택 방법

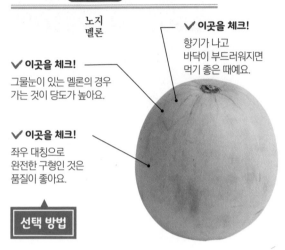

보존법 1

🧊 **냉장**
모양	반으로 잘라
기간	2~3일
장소	채소실

절단면에 랩을 덮어 보존

반으로 잘라 씨를 긁어내고 절단면을 랩으로 덮어 비닐백에 넣어 채소실에 넣어요.

보존법 2

❄ **냉동**
모양	한입 크기로 잘라서
기간	1개월
해동방법	상온 해동, 반 해동

한 번 얼려서 보존백에
껍질을 벗겨 한입 크기로 잘라 랩을 깐 금속 쟁반에 얹어 냉동시키세요. 언 것은 냉동용 보존백에 옮깁니다. 언 상태로 먹어도 좋아요.

포도

가지를 조금 남겨 잘라내는 것이 포인트. 냉동한 것은 껍질째 먹어도

제철 달력

1 2 3 **4 5 6 7 8 9 10** 11 12 월

하우스   노지
포도   포도

선택 방법

✔ 이곳을 체크!
신선도 높은 것은 가지가 파랗고 굵어요.

✔ 이곳을 체크!
포도알이 잘 부풀어 있고 탄력 있는 것이 맛있어요.

✔ 이곳을 체크!
하얀 가루가 많이 붙어 있는 것이 좋은 상품이에요.

보존법 1

🧊 **냉장**
모양	한 알씩 떼어서
기간	1주일
장소	채소실

가지를 조금만 남기고 잘라내서 껍질째 보존하면 바닥에 닿는 부분부터 상합니다. 가지를 2~5mm 정도 남기고 한 알씩 잘라 보존용기에 담으세요.

보존법 2

❄ **냉동**
모양	한 알씩 떼어서
기간	1개월
해동방법	언 채로 먹어요.

포도알을 떼어내 보존백에
냉장 보존과 같은 순서로 한 알씩 떼어내 냉동용 보존백에 담아 얼립니다. 언 상태로 껍질째 먹거나 갈아서 드세요.

바로 먹지 않는다면 씻지 말고, 냉동하려면 씻어서

블루베리

제철달력

1 2 3 4 5 6 **7 8 9** 10 11 12 월

이 성분에 주목!

베타카로틴	55μg
비타민E	1.7mg
식이섬유	3.3g
100g당 49kcal	

안토시아닌이라는 색소 성분에는 눈의 피로를 풀어주는 효과가 있어요. 항산화 작용을 하는 베타카로틴 등도 많습니다.

✔ **이곳을 체크!**
오염이나 상처가 없고 검보라색이 나며 모양이 일정한 것이 맛있어요.

선택 방법

✔ **이곳을 체크!**
하얀 가루가 붙은 것이 신선도가 높아요.

✔ **이곳을 체크!**
알맹이가 큰 쪽이 신맛이 적어요.

보존법 1
냉 장
모양 통째로
기간 10일
장소 채소실

씻지 않고 보존용기에 수분이 남아 있으면 상하기가 쉬워요. 바로 먹지 않을 거라면 씻지 말고 보존용기에 담았다가 먹을 때 씻어야 합니다.

보존법 2
냉 동
모양 통째로
기간 6개월
해동방법 반 해동

물로 씻어 보존백에 물로 씻고 키친타월 등으로 물기를 닦아낸 뒤 먹기 좋은 분량으로 나눠 보존백에 담아 냉동하세요. 반 해동시키면 먹기에도 좋아요.

랩을 이중으로 싸서 너무 차가워지지 않게

복숭아

제철달력

1 2 3 4 5 **6 7 8 9** 10 11 12 월

선택 방법

이 성분에 주목!

비타민E	0.7mg
나이아신	0.6mg
식이섬유	1.3g
100g당 40kcal	

식이섬유인 펙틴이 풍부해요. 씨 부근 붉은 살 부분에는 항산화 성분인 안토시아닌이 많이 들어 있답니다.

✔ **이곳을 체크!**
오목하게 들어간 부분까지 색이 들어 있는 것은 잘 익었다는 증거예요.

✔ **이곳을 체크!**
솜털이 많이 나 있고 상처 없는 것이 좋은 상품이에요.

✔ **이곳을 체크!**
갈라진 부분을 놓고 볼 때 좌우대칭이고, 잘 부푼 모양인 것이 맛있어요.

보존법
냉 장
모양 통째로
기간 5일
장소 채소실

하나씩 랩으로 싸서 비닐백에 지나치게 익지 않게 채소실에 보존하세요. 너무 차가워지면 단맛이 사라지므로 하나씩 랩으로 싼 뒤 다시 비닐백에 넣으세요.

익는 속도가 빠르므로 바로 먹지 않을 거면
냉장 보존을 추천

감

제철 달력

1 2 3 4 5 6 7 8 **9 10 11** 12 월

✔ **이곳을 체크!**
감 꼭지가 녹색이며 한가운데 단단히 붙어 있는 것이
좋은 상품이에요.

✔ **이곳을 체크!**
하얀 가루가
붙어 있는 것이
당도가 높아요.

선택 방법

✔ **이곳을 체크!**
선명한 주황색에 윤기가 있고,
꼭지 부근까지 색 들어 있는 것이 맛있어요.

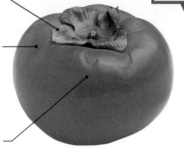

이 성분에 주목!

베타카로틴	420μg
비타민C	70mg
칼륨	170mg
100g당 60kcal	

비타민C는 귤의 약 두 배
예요. 떫은 맛이 나는 것
은 시부올이라는 타닌의
일종 때문인데, 숙취 예방
에 도움을 줍니다.

보존법 1

🌡 **상온**
모양   통째로
기간   2주일
장소   냉암소

통째로 비닐백에 넣어
꼭지를 밑으로 하여 비닐백
에 넣어 냉암소에 보존하세
요. 계속 숙성이 진행되므로
빨리 먹어야 합니다.

보존법 2

🗄 **냉장**
모양   통째로
기간   3주일
장소   채소실

꼭지를 위로 하여
비닐백에 넣어야
익은 감은 꼭지를 위로 하
며 비닐백에 넣어 냉장 보
존하세요. 차갑게 만들면
익는 속도가 떨어집니다.

통째로는 상온 보존. 자른 것은 냉장이나 냉동

수박

제철 달력

1 2 3 4 **5 6** 7 **8** 9 10 11 12 월

하우스   노지
수박   수박

✔ **이곳을 체크!**
줄무늬가 또렷한 것은
단맛이 강해요.

✔ **이곳을 체크!**
과육의 색이 선명하고
씨가 새까만 것이
잘 익었다는 증거에요.

✔ **이곳을 체크!**
크지 않으면서도
무게감 있는 것이
맛있어요.

선택 방법

이 성분에 주목!

베타카로틴	830μg
비타민C	10mg
칼륨	120mg
100g당 37kcal	

약 90퍼센트가 수분이어서
한여름 수분 보충에 딱 좋아
요. 빨간 과육에는 베타카로
틴, 카로티노이드의 일종인
라이코펜이 풍부합니다.

보존법 1

🌡 **상온**
모양   통째로
기간   자르기 전까지
장소   통풍이 잘 되는
         장소

보존법 2

🗄 **냉장**
모양   잘라서
기간   2~3일
장소   채소실

보존법 3

❄ **냉동**
모양   한입 크기로 잘라서
기간   1개월
해동방법   반 해동

한입 크기로 잘라서
금속 쟁반에 냉동
한입 크기로 잘라서 랩
을 깐 금속 쟁반에 넣어
얼린 후 냉동용 보존백
에 담아 냉동실에 보존
하세요.

Chapter 5
콩식품·계란·유제품 보존법

공기가 닿지 않도록 하면 산화와 잡균 번식을
억제할 수 있습니다.
특히 우유나 두유, 생크림 등이 든 종이팩은 잡균이
생기기 쉬우므로 입구 부분을 청결하게 해야 합니다.
되도록 손으로 만지지 않는 것이 좋습니다.

냉동하면 장기 보존 가능.
먹을 때는 자연 해동으로

낫토

제철달력

1년 내내

이 성분에 주목!

단백질	16.5g
비타민B₂	0.56mg
비타민K	600㎍
100g당 200kcal	

발효 덕분에 피부 건강을 지켜주는 비타민B₂와 뼈를 강하게 해주는 비타민K의 함유량이 일반 콩보다 증가해 있어요.

✔ 이곳을 체크!
되도록 유통기한이 많이 남은 것을 고르세요.

선택 방법

✔ 이곳을 체크!
간 것보다는 콩 모양 그대로인 쪽이 식이섬유가 많아요.

✔ 이곳을 체크!
표면의 하얀 것은 낫토균. 건강에 해롭지 않아요.

그대로 냉장 보존

포장팩째로도 좋아요. 냉장실 또는 신선실에 보존하세요.

보존법 1

냉장

모양	그대로
기간	유통기한 내
장소	냉장실, 신선실

보존백에 넣어 냉동실에

포장팩째로 냉동용 보존백에 넣어 냉동실에 넣으세요. 먹을 때는 하루 전에 냉장실로 옮겨 냉장 해동시킵니다.

보존법 2

냉동

모양	포장팩째로
기간	1개월
해동방법	냉장 해동

매일 물을 갈아주면
3~5일은 보존 가능

두부

제철 달력

1년 내내

이 성분에 주목!

	[부침용]	[생식용]
단백질	6.6g	4.9g
비타민A	86mg	57mg
마그네슘	130mg	55mg
100g당	72kcal	56kcal

양질의 단백질이 함유
되어 있어요. 이소플라
본도 들어 있어 중성지
방이나 콜레스테롤을
줄여 주는 효과를 기대
할 수 있습니다.

선택 방법

✔ **이곳을 체크!**
희고 윤기가 있으며 모양이
무너지지 않은 것은 좋은 상품이에요.

✔ **이곳을 체크!**
영양가는 부침·찌개용 두부가 높아요.
비타민B군은 생식용 두부에 더 많이 들어 있어요.

✔ **이곳을 체크!**
되도록 유통기한이 많이
남은 것을 고르세요.

포장팩 속 물을 매일 갈아주고 랩을 싸서

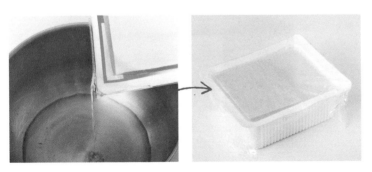

보존법

냉장

모양	통째로
기간	개봉 후 3~5일
장소	냉장실, 신선실

포장팩 속의 물은 두부를 지켜주는 쿠션 역할을 합니다. 매일 물을 갈아주고 랩을 싸서 냉장실
이나 신선실에 보존하세요.

개봉 후에는 기름을 빼서 보존

튀김두부·
유부

제철 달력

1년 내내

이 성분에 주목!

	[튀김두부]	[유부]
비타민E	0.8mg	1.3mg
칼슘	240mg	310mg
철분	2.6mg	3.2mg
100g당	150kcal	410kcal

기름을 빼면 칼로리가 낮아져요. 다른 콩 식품보다 비타민E가 많으며 칼슘과 철분은 두부보다 풍부합니다.

선택 방법

✔ 이곳을 체크!
도톰하고 윤기 있는 것이 좋은 상품이에요.

✔ 이곳을 체크!
두께가 일정한 것이 좋아요.

✔ 이곳을 체크!
기름이 떠 있는 것은 품질이 떨어지므로 피하세요.

✔ 이곳을 체크!
유전자 변형 콩보다는 국내산 콩으로 만든 것을 고르세요.

✔ 이곳을 체크!
가볍게 눌러 보았을 때 탄력 있는 것이 좋은 상품이에요.

개봉 후에는 키친타월과 랩으로 싸서

개봉 전에는 그대로 냉장실에 보존해요. 개봉 후라면 유부는 한 장씩, 튀김두부는 그대로 키친타월로 싼 뒤 랩으로 다시 싸서 냉장용 보존백에 담아 냉장실에 넣으세요.

보존법 1

냉 장

모양	• 개봉 전: 그대로 • 개봉 후: 한 장씩, 그대로
기간	개봉 후 3~5일
장소	냉장실

기름을 빼고 반으로 접어 보존백에

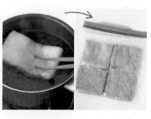

끓는 물에 유부나 튀김두부를 넣어 기름을 뺍니다. 두부가 식으면 먹기 좋은 크기로 썰어 냉동용 보존백에 넣어 냉동실에 넣으세요. 냉동 전에 기름을 빼두면 그대로 사용할 수 있습니다.

보존법 2

냉 동

모양	먹기 좋은 크기로 썰어
기간	1개월
해동 방법	언 상태로 조리, 전자레인지 해동

양질의 지질이 풍부.
개봉 후에는 바로 먹어야

얼린 두부

제철 달력

1년 내내

이 성분에 주목!		단백질과 미네랄이 균
단백질	50.5g	형 있게 들어 있어요. 불
칼슘	630mg	포화지방산인 알파리놀
철분	7.5mg	렌산에는 동맥경화 예방
100g당 536kcal		효과가 있답니다.

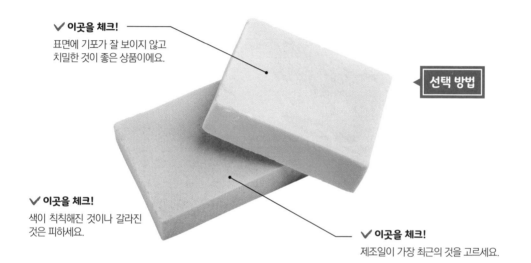

✔ **이곳을 체크!**
표면에 기포가 잘 보이지 않고
치밀한 것이 좋은 상품이에요.

◀ **선택 방법**

✔ **이곳을 체크!**
색이 칙칙해진 것이나 갈라진
것은 피하세요.

✔ **이곳을 체크!**
제조일이 가장 최근의 것을 고르세요.

**산화되므로 되도록이면
바로 먹습니다**

공기에 닿는 시간이 길
면 언 두부에 든 양질의
지질이 산화되어 버립니
다. 그래서 냄새가 날 수
도 있어요. 그래서 개봉
후에는 되도록이면 바로
먹는 것이 좋습니다.

비닐백 입구를 단단히 봉하도록

개봉한 것은 비닐백에 담아 입구를 잘 봉해서 냉장실
에 넣으세요. 냉장용 보존백에 넣어도 좋아요.

보존법

상온·냉장

모양	● 개봉 전 : 그대로 ● 개봉 후 : 통째로
기간	개봉 후 1개월
장소	● 개봉 전 : 냉암소 ● 개봉 후 : 냉장실

삶은 콩은 냉동 보존 추천

콩

이 성분에 주목!	양질의 지질과 단백
[삶은 콩]	질이 들어 있어요.
단백질 4.8g	수용성 비타민인 콜
칼슘 79mg	린은 치매 및 지방간
철분 2.2mg	예방에 도움을 준답
100g당 176kcal	니다.

✔ **이곳을 체크!**
색이 곱고
알맹이 크기가
일정한 것이 좋아요.

✔ **이곳을 체크!**
탄력과 윤기가 있고
주름 없는 것이
좋은 상품이에요.

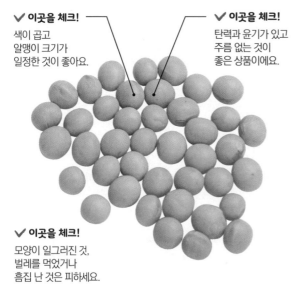

✔ **이곳을 체크!**
모양이 일그러진 것,
벌레를 먹었거나
흠집 난 것은 피하세요.

선택 방법

개봉하지 말고
냉암소에 보존

마른 콩이든 삶은 콩이든,
개봉 전이면 상온 보존이
가능해요. 그대로 냉암소
에 보존합니다.

보존법 1

🌡 **상온**

모양	봉지째
기간	2~3개월
장소	통풍이 잘 되는 냉암소

개봉 후에는 밀폐용기에 담아서

보존법 2

냉장

모양	1회 분량씩
기간	●여름 : 2~3일 ●겨울 : 5~6일
장소	채소실

개봉한 것은 상온에서 보존하
지 말고 밀폐용기에 담아 채소
실에 넣으세요. 특히 삶은 콩
은 바로 먹어야 합니다.

작은 냉동용 보존백에

보존법 3

❄ **냉동**

모양	1회 분량씩
기간	1개월
해동 방법	냉장 해동

삶은 콩은 작은 냉동용 보존
백에 나눠 담아 냉동실에 보
존하세요.

우유보다 상하기 쉬우므로
바르게 보존하고 빨리 마셔야

두유

제철달력

1년 내내

이 성분에 주목!		소화와 흡수에 시간이
[조정 두유]		걸리는 콩단백은 공복
단백질	3.2g	감을 막아줍니다. 노화
엽산	31μg	방지 효과를 기대할 수
철분	1.2mg	있는 이소플라본도 풍
100g당 64kcal		부해요.

선택 방법

✔ **이곳을 체크!**
칼로리가 염려되는 사람은
무조정 두유를 선택하세요.

✔ **이곳을 체크!**
조정 두유나 두유 음료는
영양가가 떨어지지만
마시기에는 좋아요.

✔ **이곳을 체크!**
이소플라본 등의 함유량은
무조정 두유가 높아요.

✔ **이곳을 체크!**
개봉 후 응고된 것은 상한 것이므로
마시지 말아야 합니다.

차거나 따뜻하거나
영양가는 같아

두유는 데워 마시든 차게 마
시든 영양가는 변하지 않아
요. 과일과 함께 갈아 마시거
나 그라탕, 수프, 찌개 등 입
맛에 따라 요리에 써도 좋습
니다. 조정 두유뿐만 아니라
무조정 두유가 영양가는 높습
니다.

잘 봉해서 냉장실에

개봉 전에는 냉암소에 보관하세요. 그러나 개봉 후
에는 입구를 클립 등으로 잘 봉해서 냉장실에서 보
존하세요. 가급적 빨리 마시도록 합니다.

보존법

냉장

모양	포장팩째로
기간	개봉 후 2~3일
장소	냉장실

포장팩째로 냉장실 안쪽에
보존하여 신선도 유지

계 란

이 성분에 주목!

단백질	12.3g
비타민A	150µg
비타민B₂	0.43mg
100g당 151kcal	

비타민C와 식이섬유를 뺀 거의 모든 영양 성분이 들어 있어요. 노른자에는 비타민A와 E가, 흰자에는 비타민B₂가 풍부합니다.

제철달력

1년 내내

선택 방법

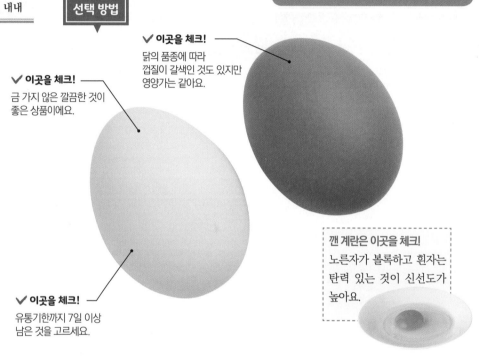

✔ **이곳을 체크!**
닭의 품종에 따라
껍질이 갈색인 것도 있지만
영양가는 같아요.

✔ **이곳을 체크!**
금 가지 않은 깔끔한 것이
좋은 상품이에요.

✔ **이곳을 체크!**
유통기한까지 7일 이상
남은 것을 고르세요.

깬 계란은 이곳을 체크!
노른자가 볼록하고 흰자는
탄력 있는 것이 신선도가
높아요.

**유통기한 지났어도
잘 가열하면 먹을 수 있어**

계란의 유통기한은 '날 계란으로 먹을 수 있는 기간'이에요. 유통기한을 넘은 직후라도 잘 조리해 먹으면 괜찮습니다. 깨진 계란의 경우 생식을 피하고 잘 가열해서 먹으면 됩니다. 또 삶은 계란은 냉장 보존하더라도 2~3일 안에 먹도록 합니다.

포장팩째로 보존

냉장고 문에 계란 넣는 자리가 있지만 그곳에 두면 문을 여닫을 때마다 온도가 변하고 진동 때문에 상하기 쉬워요. 뾰족한 쪽을 아래로 가게 하여 포장팩째로 냉장실 안쪽에 둡니다.

보존법

냉 장

모양	포장팩째로
기간	2주일
장소	냉장실

냉장 보존 필수.
개봉 후에는 되도록 빨리 소비해야

우유

제철달력

1년 내내

이 성분에 주목!		계란과 마찬가지로 양
단백질	3.3g	질의 단백질이 들어 있
비타민B₂	0.15mg	어요. 칼슘의 함유량은
칼슘	110mg	식품 중 최고이고 비타
100g당 67kcal		민B군도 풍부합니다.

선택 방법

✓ 이곳을 체크!
유통기한이 많이 남은 것을
고르세요.

✓ 이곳을 체크!
지방이 신경 쓰이는 사람은
저지방유가 좋아요.

✓ 이곳을 체크!
가공유는 원유에 다른 유제품 등을
첨가한 것이에요.

✓ 이곳을 체크!
우유 음료는 유제품 이외의 것을
첨가한 제품으로, 영양 성분을
첨가한 것도 있어요.

**우유팩 입구는 손대지
않는 것이 철칙**

우유 팩 입구에 입을 대고 마
시거나 손가락으로 잡아당겨
열면 잡균이 들어가 번식하
게 됩니다.
주둥이 쪽은 건드리지 않도
록 주의하고, 마실 때는 컵에
따라 마시도록 하세요.

입구를 잘 밀봉해서

보존법

냉장

모양	그대로
기간	개봉 후 2~3일
장소	냉장실

개봉 전이든 개봉 후든 냉장 보존하세요. 개봉 후에는
집게 등으로 입구를 밀폐시킵니다. 냄새가 밸 수 있으
므로 냄새 나는 음식 옆에 두지 않도록 합니다.

랩으로 단단히 싸서 채소실에 넣는 것이 기본

치즈

가공 치즈

이 성분에 주목!	
단백질	22.7g
비타민A	260µg
칼슘	630mg
100g당 339kcal	

카망베르 치즈(흰 곰팡이 타입)

이 성분에 주목!	
단백질	19.1g
비타민A	240µg
칼슘	460mg
100g당 310kcal	

체다 치즈(하드타입)

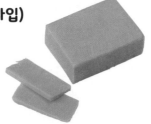

이 성분에 주목!	
단백질	25.7g
비타민A	330µg
칼슘	740mg
100g당 424kcal	

모차렐라 치즈(프레시 타입)

이 성분에 주목!	
단백질	18.4g
비타민B$_2$	0.19mg
칼슘	330mg
100g당 276kcal	

파마산 치즈(가루 치즈)

이 성분에 주목!	
단백질	44.0g
비타민A	240µg
칼슘	1300mg
100g당 475kcal	

피자용 치즈

여러 종류의 피자를 혼합해 이용하는 경우가 많습니다.

[가루 치즈만]
습기 적은
냉암소에 보존

수분이 적기 때문에 냉암소에서 상온 보존하세요. 습기나 온도 차에 의해 딱딱해지므로 냉장 보존은 좋지 않아요.

보존법 1

상온

모양	통째로
기간	6개월~1년
장소	냉암소

[프레시 타입 / 모차렐라 치즈]
포장팩의 물과 함께
보존용기로 옮겨

쓰고 남은 치즈는 포장팩에 든 물과 함께 보존용기로 옮겨 담습니다. 다른 치즈에 비해 상하기 쉬우므로 되도록 얼른 먹도록 하세요.

보존법 2

냉장

모양	통째로
기간	●가공 치즈, 세미 하드·하드 타입: 개봉 후 2~3주일 ●프레시 타입, 흰 곰팡이 타입: 개봉 후 1주일
장소	채소실

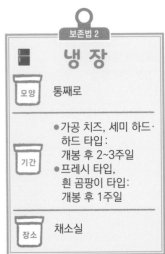

[흰 곰팡이 타입 / 카망베르 치즈]
부드러운 치즈는 알루미늄 포일과 랩으로 싸서

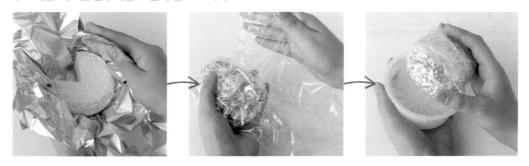

속이 말랑말랑한 형태의 치즈는 특히 건조 방지에 주의해야 합니다. 전체를 알루미늄 포일로 싸고 그 위에 다시 랩으로 싸서 원래의 포장 상자에 다시 담아 채소실에 넣으세요.

[가공 치즈]
랩으로 싸서

랩으로 빈틈없이 싸서 보존해요. 한 장씩 포장된 슬라이스 치즈는 냉장용 보존백에 넣으세요.

[세미 하드·하드 타입 / 체다 치즈]
통째로 랩으로 싸서   냉장용 보존백에 넣어서

또는

수분을 닦아낸 뒤 냉장용 보존백에 넣거나 통째로 랩으로 잘 싸서 채소실에 넣어요.

기타 다른 치즈의 보존법

랩 이용 시 위시 타입은 꼼꼼히 싸고 셰브르 타입은 살짝 싸서 채소실에 보존해요. 어떤 치즈든 냄새가 강한 것과 같이 넣지 않아야 하고 랩은 3~4일마다 갈아줘야 합니다. 만일 보존 중에 곰팡이가 생겼을 때는 드시지 마십시오.

[가공 치즈만]
피자용 치즈는 냉동으로

치즈는 냉동시키면 풍미가 떨어지지만 피자용 치즈처럼 가열해서 쓰는 것은 괜찮아요. 냉동용 보존백에 담아 공기를 빼서 보존합니다.

보존법 3

❄ 냉동

모양	통째로
기간	1개월
해동 방법	언 상태로 조리

요구르트

제철 달력

1년 내내

이 성분에 주목!	칼슘 흡수율이 높아
[플레인 요구르트]	서 뼈와 근육 강화에
칼슘　　　　　120mg	도움을 줍니다. 유산
비타민A　　　　33μg	균이 풍부하여 장내
비타민B₂　0.14mg	환경을 개선해 주는
100g당 62kcal	효과도 있어요.

선택 방법

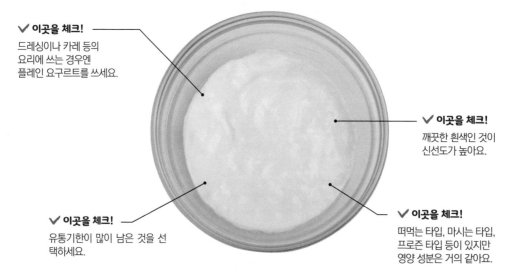

✔ **이곳을 체크!**
드레싱이나 카레 등의
요리에 쓰는 경우엔
플레인 요구르트를 쓰세요.

✔ **이곳을 체크!**
깨끗한 흰색인 것이
신선도가 높아요.

✔ **이곳을 체크!**
유통기한이 많이 남은 것을 선
택하세요.

✔ **이곳을 체크!**
떠먹는 타입, 마시는 타입,
프로즌 타입 등이 있지만
영양 성분은 거의 같아요.

문 쪽이 아니라 냉장실 안쪽에

요구르트를 도어 포켓에 넣어
두면 여닫을 때마다 진동의 영
향을 받아 영양 성분이 든 물
(유청)이 날아가기 쉽습니다.
뚜껑을 잘 닫아 냉장고 안쪽에
넣어 두도록 합니다.

뚜껑을 잘 닫아야

잡균이 들어가지 않도록 뚜껑을 잘 닫아둡
니다. 보존 온도는 10도 이하. 냉장실보다
온도가 낮은 신선실에 넣으면 유산균 활동
이 억제되고 풍미도 오래갑니다.

보존법

냉장

모양	포장팩째로
기간	개봉 후 5일 이내
장소	냉장실, 신선실

밀봉하여 냉장.
바로 쓰지 않을 거라면 거품 내서 냉동

생크림

제철달력

1년 내내

이 성분에 주목!		우유에서 유래된 영양
[크림/유지방]		성분이 들어 있어요. 비
지질	45.0g	타민A는 유지방에 많이
비타민A	390μg	들어 있기 때문에 우유
칼슘	60mg	보다 생크림 쪽이 더 풍
100g당 433kcal		부합니다.

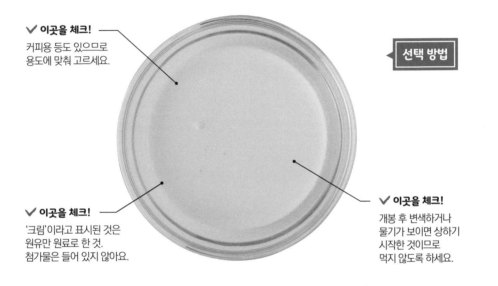

선택 방법

✔ **이곳을 체크!**
커피용 등도 있으므로
용도에 맞춰 고르세요.

✔ **이곳을 체크!**
'크림'이라고 표시된 것은
원유만 원료로 한 것.
첨가물은 들어 있지 않아요.

✔ **이곳을 체크!**
개봉 후 변색하거나
물기가 보이면 상하기
시작한 것이므로
먹지 않도록 하세요.

입구를 밀폐하여 냉장실 안쪽에

	냉장	(보존법 1)
모양	그대로	
기간	개봉 후 4일 이내	
장소	냉장실	

개봉 후에는 집게 등으로
입구를 밀폐시키세요. 도
어포켓에 넣어 두면 여닫
을 때 생기는 진동 탓에
고체화의 원인이 됩니다.
꼭 냉장실 안쪽에 보존하
세요.

거품을 내서 금속 쟁반에 얼린다

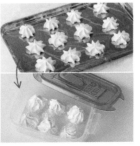

	냉동	(보존법 2)
모양	거품을 내서	
기간	1개월	
해동 방법	언 상태로 조리	

거품을 내서(휘핑) 냉동시키면 언
상태로 이용할 수 있어 편리해요.
랩을 깐 금속 쟁반 위에 거품을 짜
서 일단 얼린 뒤 하나씩 랩으로 싸
서 보존용기에 담아 보존합니다.

랩으로 싸서 산화 방지.
개봉 전이면 장기 냉동 보존 가능

버터

제철달력

1년 내내

이 성분에 주목!

지질	81.0g
비타민A	520μg
칼슘	15mg
100g당 745kcal	

약 80퍼센트는 소화가 잘 되는 양질의 유지방이에요. 비타민A와 칼슘, 그리고 칼슘의 흡수를 돕는 비타민D도 풍부합니다.

✔이곳을 체크!
과자 만들 때는 무염 버터를 선택하세요.

선택 방법

✔이곳을 체크!
유지방에 든 비타민A의 양에 따라 색의 농도가 달라져요.

✔이곳을 체크!
개봉 후 색이나 냄새가 변했다면 산화된 것이므로 먹지 말아야 해요.

공기에 닿지 않게 랩으로 싸서

보존법 1

냉 장

모양	통째로
기간	개봉 후 1개월
장소	냉장실

공기에 닿으면 풍미가 떨어지므로 개봉 후에는 포장지에서 꺼내 랩으로 잘 싸도록 하세요.

나눠서 랩으로 싼다

보존법 2

냉 동

모양	●개봉 전:그대로 ●개봉 후:쓰기 좋은 양을 잘라서
기간	●개봉 전:1년간 ●개봉 후:1개월
해동 방법	냉장 해동, 언 상태로 조리

쓰기 편리한 분량으로 나눠 하나씩 랩으로 싸서 보존해요. 미개봉 상태라면 포장 상태 그대로 냉동실에 넣습니다.

Chapter 6
밥·빵·면 보존법

가열 전, 가열 후 등 다양한 상태에서 보존이 가능합니다.
가열 전에는 습기가 차지 않게, 가열 후에는 메마르지 않게
충분히 주의를 기울여 보존하도록 합니다.
가열 후 냉동시킬 때는 식힌 다음 하는 것이 기본입니다.

쌀은 상온, 잡곡은 냉장,
밥은 냉동이 최선

쌀·밥·잡곡

밥

쌀·잡곡

제철달력 잡곡은 1년 내내

1 2 3 4 5 6 7 **8 9 10 11** 12 월

햅쌀

이 성분에 주목!

	[백미밥]	[배아미밥]	[현미밥]
비타민B₁	0.02mg	0.08mg	0.16mg
마그네슘	7mg	24mg	49mg
식이섬유	0.3g	0.8g	1.4g
100g당	168kcal	167kcal	165kcal

배아미는 배아를, 현미는 배아와 껍질을 남겨
정미한 것이라서 영양가가 높아요. 백미는 영
양가는 떨어지지만 소화가 잘된답니다.

선택 방법

혼합곡

✔ **이곳을 체크!**
알이 통통하고
윤기 있는 것을
고르세요.

✔ **이곳을 체크!**
잘 건조된 것이
좋은 상품이에요.

이 성분에 주목!

	[오곡미]	
비타민B₁	0.34mg	당질 대사를 촉진하는 비타민B₁을 비롯한 B군이 풍부해요. 쌀에 섞어 밥을 지으면 손쉽게 영양가를 높일 수 있어요.
비타민B₆	0.24mg	
식이섬유	5.1g	
100g당 357kcal		

✔ **이곳을 체크!**
쌀알 크기가
일정하고 부서진 낟알이
없는 것이 좋아요.

✔ **이곳을 체크!**
쌀알이 통통하고
윤기 있는 것이 맛있어요.

✔ **이곳을 체크!**
겉겨나 다른 혼입물(잡티) 등이
없는 것이 좋은 상품이에요.

쌀

잡곡에는 어떤 것들이 있나요?

무난하고 담백한 맛의 조, 쫀득한 식감을 즐길 수 있는
수수, 양질의 단백질이 든 퀴노아, 잡곡 중에서도 특히
영양 밸런스가 좋은 아마란스 등 다양한 종류가 시중
에 나와 있어요. 쌀에 섞어 밥을 짓거나, **잡곡만 삶아 샐
러드에 뿌리거나, 수프나 볶음 요리에 쓰는 등 각종 조리에
사용하여 드시기를 추천**합니다.

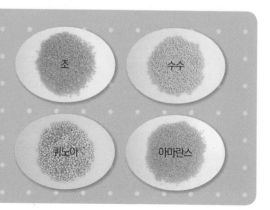

조 | 수수

퀴노아 | 아마란스

[쌀]
포대를 바꾸고 고추를 넣어 둔다

구입할 때 쌀포대는 보존에 적합하지 않으므로 통기성 좋은 포대로 옮겨 담으세요. 방충 대책으로써 고추를 하나 넣어 두면 좋습니다.

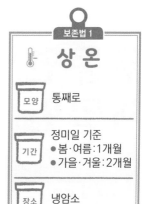

보존법 1	
🌡️	**상온**
모양	통째로
기간	정미일 기준 ● 봄·여름 : 1개월 ● 가을·겨울 : 2개월
장소	냉암소

밥·빵·면 보존법 ㅣ 쌀/밥/잡곡

[밥]
1회 분량씩 랩으로 싼다

또는

보존용기에 담아

먹기 좋게 1회 분량씩 랩으로 싸서 냉장실에 넣으세요.

밀봉 가능한 보존용기에 담아 냉장실에 보존하세요. 되도록이면 빨리 먹도록 합니다.

보존법 2	
🔲	**냉장**
모양	[밥] ● 모아서 ● 1회 분량씩 [잡곡] 통째로
기간	[밥] 3일 [잡곡] 제조일부터 1~2개월
장소	[밥] 냉장실 [잡곡] 채소실

[잡곡]
봉지를 밀폐시킨다

[밥]
한 공기씩 나눠 냉동

개봉 전이면 그대로, 개봉 후에는 건조되지 않도록 봉지 입구를 클립 등으로 밀폐시켜 채소실에 넣으세요.

온기가 남은 상태에서 한 공기 분량씩 랩으로 싼 뒤 잠시 식혔다가 냉동용 보존백에 담아 냉동실에 넣으세요.

보존법 3	
❄️	**냉동**
모양	밥을 지어 한 공기씩 나눠서
기간	1개월
해동 방법	전자레인지 해동

냉장 시 건조에 주의.
바로 먹지 않을 때는 냉동으로

우동면·메밀면

이 성분에 주목!		이 성분에 주목!	
	[건면]		[삶은 면]
탄수화물	25.8g	비타민B₁	0.08mg
망간	0.14mg	아연	0.4mg
식이섬유	0.7g	식이섬유	1.5g
100g당 126kcal		100g당 114kcal	

우동면은 당질과 염분이 많으므로 너무 많이 먹지 않도록 주의합니다. 메밀의 루틴에는 모세혈관을 튼튼하게 해주는 효과가 있어요.

제철달력　우동은 1년 내내

1 2 3 4 5 6 7 8 9 10 **11 12** 월

햇메밀

선택 방법

✔**이곳을 체크!**
건면은 굵기가 일정한 것,
삶은 면은 색이 희고
탄력 있는 것이 맛있어요.

✔**이곳을 체크!**
되도록 유통기한이 긴 것을
고르세요

우동면

메밀면

✔**이곳을 체크!**
건면은 똑바르고
잘 건조된 것이 좋아요.

✔**이곳을 체크!**
표면이 매끈한 것은
품질이 좋아요.

✔**이곳을 체크!**
메밀가루가 많이 든 것일수록
루틴도 풍부해요.

[건면]
개봉 후에는
보존백에 넣어

개봉 전이라면 그대로, 개봉 후에는 보존백에 담아 냉암소에 두세요.

보존법 1

 상 온

모양	통째로
기간	유통기한까지
장소	냉암소

[생면]
키친타월로 싼 뒤 랩으로 다시 싼다

곧 사용할 것이라면 냉장 보존이 편리해요. 건조하지 않도록 키친타월로 싼 뒤 다시 랩으로 단단히 싸서 냉장실에 보존합니다.

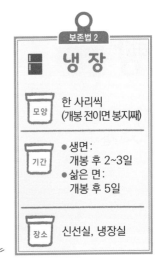

보존법 2

냉장

모양	한 사리씩 (개봉 전이면 봉지째)
기간	● 생면: 개봉 후 2~3일 ● 삶은 면: 개봉 후 5일
장소	신선실, 냉장실

[삶은 면]
랩으로 싸서 냉장용 보존백에

개봉 전이면 봉지째로, 개봉 후면 랩으로 꼼꼼하게 싸서 냉장용 보존백에 담아 신선실 또는 냉장실에 보존하세요. 금방 상할 수 있으므로 빨리 먹도록 합니다.

[생면 / 삶은 면]
랩으로 싸서 냉동용 보존백에

생면이든 삶은 면이든 보존법은 같습니다. 한 사리씩 랩으로 싸서 냉동용 보존백에 담은 후 공기를 잘 빼서 밀폐시키세요. 그리고 냉동실에 보존합니다.

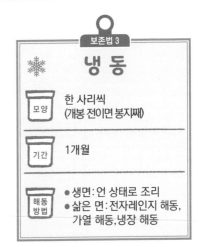

보존법 3

냉동

모양	한 사리씩 (개봉 전이면 봉지째)
기간	1개월
해동 방법	● 생면: 언 상태로 조리 ● 삶은 면: 전자레인지 해동, 가열 해동, 냉장 해동

냉동하면 맛을 오래 유지할 수 있어

빵

이 성분에 주목!		정백도 높은 밀가루
	[식빵]	를 사용하기 때문에 소
탄수화물	46.7g	화·흡수가 잘 됩니다.
비타민B₁	0.07mg	통밀가루나 호밀을 쓴
식이섬유	2.3g	빵은 영양가가 더욱 높
100g당 264kcal		아요.

✔ **이곳을 체크!**
결이 촘촘하고 단면이
거칠지 않은 것이 맛있어요.

✔ **이곳을 체크!**
한가운데가 접혀 있지
않은 것이 좋아요.

✔ **이곳을 체크!**
빵 테두리가 얇고
색이 좋은 것을 고릅니다.

선택 방법

습기와 직사광선을 피해 보존

바로 먹을 것이라면 습
기가 적고 직사광선 없
는 냉암소에 보존하세
요. 개봉 후에는 건조되
지 않도록 봉지를 밀폐
합니다.

보존법 1

🌡 **상온**

모양	봉지째
기간	2~3일
장소	습기가 적은 냉암소

랩으로 싸서 냉동용 보존백에

어떤 빵이든 기본적으로 랩으로 싸
서 냉동용 보존백에 담아 보존합니
다. 먹을 때는 냉장 해동한 다음 구
우면 맛있게 먹을 수 있어요.

보존법 2

❄ **냉동**

모양	하나씩
기간	1개월
해동 방법	냉장 해동

페트병을 이용해 상온 보존하면 편리

파스타

이 성분에 주목!		당질이 많아 소화가 잘
	[삶은 면]	됩니다. 당질 대사를
탄수화물	32.0g	돕는 비타민B₂도 들어
비타민B₁	0.06mg	있어 효율적인 에너지
비타민B₂	0.03mg	섭취가 가능하지요.
100g당 165kcal		

✓ 이곳을 체크!
굵기는 요리에 따라 선택해요.
양양가는 같아요.

✓ 이곳을 체크!
밝은 황색이며, 부러지거나
흠집 없는 것이 좋은 상품이에요.

✓ 이곳을 체크!
표면의 작은 반점은 원료인 밀가루
때문이므로 신경 쓰지 않아도 돼요.

밥·빵·면 보존법 | 빵/파스타

선택 방법

[삶은 면]
식용유를 뿌려서

물기를 없애고 서로 들러붙
지 않게 식용유를 약간 뿌립
니다. 1회 분량씩 랩으로 싸
서 냉장용 보존백에 담아 냉
장실에 넣으세요.

보존법 1		
냉 장		
모양	한 끼분씩	
기간	2~3일	
장소	냉장실	

[건면]
페트병에 넣어서

1.5~2리터짜리 페
트병에 넣어 냉암
소에 보존합니다.
페트병 입구를 통
과할 정도의 양이
면 대략 100g 정도
입니다. 파스타가
들어가는 밀폐용기
에 보존해도 좋아
요.

보존법 2		
상 온		
모양	통째로	
기간	유통기한 내	
장소	냉암소	

[생면]
한 끼분씩 랩으로 싸서 냉동

생파스타는 건조 방지를
위해 한 끼분씩 랩으로
싼 뒤 냉동용 보존백에
담아 공기를 빼고 냉동
실에 넣으세요.

보존법 3		
냉 동		
모양	한 끼분씩	
기간	1개월	
해동 방법	언 상태로 조리	

177 ·

눅눅해지지 않도록 건조제를 넣어 밀폐 보존

시리얼

이 성분에 주목!	곡물이 주원료라서
[콘플레이크]	식이섬유가 많이 들
비타민B₁ 0.03mg	어 있어요. 비타민B₁,
비타민B₂ 0.02mg	B₂, 미네랄도 풍부해
식이섬유 2.4g	요. 콜레스테롤은 제
100g당 381kcal	로입니다.

✔이곳을 체크!
마른 과일이 든 것은
영양가가 높아요.

✔이곳을 체크!
유통 기한이 되도록 많이
남은 것을 선택하세요.

선택 방법

건조제를 넣은
밀폐용기로 옮긴다

보존법
상온·냉장

모양	봉지째
기간	개봉 후 1~3주일
장소	냉암소, 냉장실

✔이곳을 체크!
칼로리가 염려될 때는
당질이 적은 것을 고르세요.

습기를 먹으면 풍미가 떨어집니다. 밀폐용기로 옮겨 건조제
를 넣어 보관하세요. 냉장하면 더 오래 갑니다.

습기에 주의해서 상온 보존

소면

보존법
🌡 상온

모양	봉지째
기간	유통기한 내
장소	통풍이 잘 되는 냉암소

**봉투째 보존백에
넣어 냉암소에**
봉투 그대로 밀폐가 가능한 보존
백이나 보존용기에 담아 통풍이
잘 되는 냉암소에 보존합니다.

이 성분에 주목!	비교적 칼로리가 낮아
[삶은 면]	요. 특유의 식감은 반죽
탄수화물 25.8g	을 가늘게 뽑아냄으로써
망간 0.12mg	밀가루의 글루텐이 가는
식이섬유 0.9g	섬유 상태의 다발을 만
100g당 127kcal	들기 때문입니다.

사용 직전까지 냉장 보존

중화면

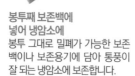

보존법
냉장

모양	
개봉 전 : 봉지째	
개봉 후 :	
한 끼분씩 나눠서	
기간	개봉 후 5일
장소	신선실, 냉장실

**개봉 전이면
그대로 보존**
개봉 전이면 봉지 그대로 신선실
이나 냉장실에 보존하세요. 개봉
후에는 한 끼분씩 나눠 랩으로 싼
뒤 보존백에 담아 신선실이나 냉
장실에 넣으세요.

이 성분에 주목!	면 중에서는 칼로리
[삶은 면]	가 높아요. 채소 등을
탄수화물 29.2g	곁들여 단백질과 비
칼륨 60mg	타민, 미네랄을 보충
식이섬유 1.3g	해야 합니다.
100g당 149kcal	

Chapter 7
건식품·음료·양념 보존법

건식품이나 양념에는 여러 종류가 있습니다.
뚜껑을 잘 닫거나 봉투를 잘 봉하는 등
눅눅해지거나 딱딱해지지 않도록
주의하여 보존하는 것이 중요하지요.

올레산이 산화되지 않도록
봉투나 병에 담아

아몬드

이 성분에 주목!		불포화지방산인 올레산이
비타민E	28.8mg	많이 들어 있어요. 피부 건강
비타민B₂	1.04mg	을 지켜주는 비타민B₂와 항
마그네슘	310mg	산화 성분인 비타민E가 아
100g당 608kcal		름다운 피부를 가꿔 줍니다.

선택 방법

✔ **이곳을 체크!**
되도록 소금이 첨가되지
않은 것을 고르세요.

보존법

냉장 · 냉동
모양 나눠서
기간 냉장실:개봉 후 1개월
　　　냉동실:개봉 후 6개월
해동방법 상온 해동

✔ **이곳을 체크!**
그냥 구운 것 등 기름을 쓰지 않
은 것을 고르세요.

[냉장]
병에 담아서
병 같은 밀폐용기에 담
아 냉장실에 넣으세요.

[냉동]
보존백에
작은 냉동용 보존백
에 담아 냉동실에 넣
으세요.

비타민B군이 풍부.
냉동 보존을 기본으로!

땅콩

이 성분에 주목!		나이아신과 판토텐산은 영
비타민B₁	0.23mg	양 대사를 촉진하는 비타민
나이아신	17.0mg	B군의 하나예요. 칼로리가
판토텐산	2.19mg	높으므로 너무 많이 먹지 않
100g당 585kcal		도록 주의하세요.

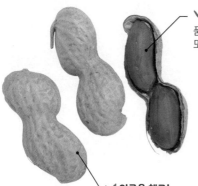

✔ **이곳을 체크!**
품질 좋은 것은 속껍질 색이
또렷하고 진해요.

선택 방법

보존법

❄ 냉동
모양 나눠서
기간 6개월
해동방법 상온 해동

✔ **이곳을 체크!**
껍질 색은 맛이나 성분과 무관하므로
신경 쓰지 않아도 됩니다.

✔ **이곳을 체크!**
깍지가 너무 부드러운 것은 피하세요.

봉지나 병에 담아서
작은 냉동용 보존백에 나눠
담거나 봉지째로 또는 병에
담아 냉동실에 보존하세요.

혈전 막는 알파리놀렌산이 풍부.
되도록 까지 않은 것을 선택!

호두

✔ **이곳을 체크!**
깐 호두는 기름을 쓰지 않고
구운 것을 택하세요.

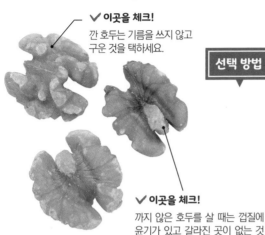

✔ **이곳을 체크!**
까지 않은 호두를 살 때는 껍질에
윤기가 있고 갈라진 곳이 없는 것
이 좋아요.

이 성분에 주목!		견과류 중에서도 알파리
지질	68.8g	놀렌산이 특히 많이 들어
칼슘	85mg	있어서 혈전 방지에 도움
망간	3.44mg	을 줍니다. 칼슘과 망간은
100g당 674kcal		뼈 강화에 도움이 됩니다.

선택 방법

보존법

❄ **냉동**
모양 나눠서
기간 6개월
해동방법 상온 해동

보존백이나 병에 담아서
작은 냉동용 보존백에 나
눠 담거나 병 같은 용기
에 담아 냉동실에 보존하
세요.

식이섬유가 듬뿍.
안주로도, 볶음 요리에도 좋아

캐슈너트 ❄

✔ **이곳을 체크!**
주로 깐 상태로 유통되므로
포장지가 잘 밀폐된 것을 고르세요.

이 성분에 주목!		아연은 미각을 온전하게 유
비타민B₁	0.54mg	지하고 상처가 빨리 아물게
아연	5.4mg	도와줍니다. 다른 견과류와
식이섬유	6.7g	마찬가지로 식이섬유가 많
100g당 576kcal		이 들어 있어요.

보존법

❄ **냉동**
모양 나눠서
기간 6개월
해동방법 상온 해동

선택 방법

✔ **이곳을 체크!**
날것은 소화가 잘 안 되므로
구운 것이 좋아요.

보존백에 담아서
작은 냉동용 보존백
에 나눠 담아 냉동실
에 넣으세요.

건식품·음료·양념 보존법 | 아몬드/땅콩/호두/캐슈너트

칼슘의 보고.
개봉 후에는 봉투째 밀폐 보존

건새우

이 성분에 주목!		껍질째 먹기 때문에 칼슘 공
단백질	48.6g	급에 좋아요. 붉은색은 항산
칼슘	7100mg	화 성분인 아스타크산틴 때
구리	5.17mg	문이에요. 구리 또한 많이
100g당 233kcal		들었답니다.

✔ 이곳을 체크!
쪄서 말린 것은 염분이 많으므로
되도록 그냥 말린 것을 고르세요.

◀ 선택 방법

보존법
냉장 · 냉동
모양　봉투째
기간　냉장실 : 개봉 후 1개월
　　　냉동실 : 개봉 후 2~3개월
해동방법　언 상태로 조리

개봉 후에는 보존백에
개봉 후 냉장할 때에는
냉장용 보존백, 냉동할
때에는 냉동용 보존백에
봉투째 넣으세요. 개봉
전이면 냉암소에 상온 보
존합니다.

✔ 이곳을 체크!
색이 변한 것은 피하세요.

가다랑어의 영양 성분이 농축.
습기 차지 않도록 이중 보존

가쓰오부시

이 성분에 주목!		이노신산이 감칠맛을 냅니
단백질	75.7g	다. 소화 잘되는 단백질이
비타민B₁₂	21.9μg	들어 있으며, 가다랑어와 마
철분	9.0mg	찬가지로 비타민과 미네랄
100g당 351kcal		도 풍부해요.

✔ 이곳을 체크!
무침이나 요리의 토핑에
쓰기에는 얇게 민 것이 좋아요.

✔ 이곳을 체크!
분홍색에 가까운 것이
좋은 상품이에요.

◀ 선택 방법

보존법
냉장 · 냉동
모양　봉투째
기간　유통기한 내
　　　(냉장할 때는 냉장실에)
해동방법　언 상태로 조리

✔ 이곳을 체크!
얇게 민 것은 국이나 조림의 육수를 내는데,
두껍게 민 것은 짙은 육수를 내는 데 쓰세요.

개봉 후에는 봉지째 보존백에
개봉 전이면 냉암소에 상온 보
존. 개봉 후에는 냉장용 또는 냉
동용 보존백에 봉지째 넣어 밀
폐시키세요.

풍부한 식이섬유가 장을 깨끗하게.
냉장 보존이 기본

말린 무채

이 성분에 주목!		말리면 영양 성분이 농축되
칼슘	500mg	므로 생무에 비해 칼슘은
철분	3.1mg	약 21배, 철분과 식이섬유
식이섬유	21.3g	도 약 16배나 많이 들어 있
100g당 301kcal		어요.

✔ **이곳을 체크!**
잘 건조된 것이
좋은 상품이에요.

◀ **선택 방법**

✔ **이곳을 체크!**
산화가 진행되어 갈색으로
변할 수 있으니 빨리 먹도록 합니다.

보존법

상온 · 냉장

모양　봉투째
(상온 보존은 미개봉만)
기간　유통기한 내
(냉장할 때는 냉장실에)
장소　냉암소, 냉장실

**여름철이나 개봉 후에는
봉지째 보존백에**
개봉 전이면 냉암소에 상온 보존.
개봉 후이거나 여름철에는 봉지
째 냉장용 보존백에 넣으세요.

공복감을 막아 주어 다이어트에 좋다.
필히 냉장 보존을

당면

이 성분에 주목!		주성분은 전분. 비타민은
탄수화물	19.9g	없지만 미네랄과 식이섬유
칼슘	10mg	가 들어 있어요. 쉽게 공복
식이섬유	0.8g	감이 들지 않아 다이어트에
100g당 80kcal		도움이 됩니다.

✔ **이곳을 체크!**
당면은 감자나 고구마가 원료.
굵고 물에 담그면 금방 연해져요.

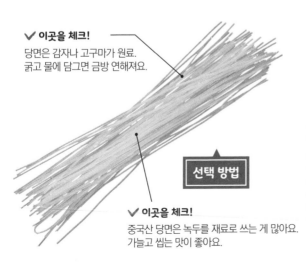

선택 방법

✔ **이곳을 체크!**
중국산 당면은 녹두를 재료로 쓰는 게 많아요.
가늘고 씹는 맛이 좋아요.

보존법

냉장

모양　봉투째
기간　개봉 후 1개월
장소　냉장실

**냉장 보존하더라도
빨리 소비해야**
개봉 전이면 냉암소에
상온 보존. 개봉 후에는
부스러지기 쉬우므로
봉지째 냉장용 보존백
에 넣어 냉장실에 보존
하세요.

가루든 원두든 습기를 피하고
공기에 닿지 않게 밀봉

커 피

* 개봉 전이면 냉암소에

이 성분에 주목!	
칼륨	65mg
망간	0.03mg
나이아신	0.8mg
100g당 4kcal	

카페인에는 뇌의 활동을 활
성화하는 효과가 있어요.
암 예방 효과를 기대할 수
있는 클로로겐산도 들어 있
답니다.

✔ 이곳을 체크!
되도록 볶은 지 얼마 되지 않은
것을 고르세요.

선택 방법

✔ 이곳을 체크!
간 것보다 원두 상태로 사는 편이
신선도를 오래 유지할 수 있어요.

✔ 이곳을 체크!
원두 산지는 취향에 따라 골라요.

밀폐시켜 냉장실에

개봉 후에는 주변 냄새가 배
지 않도록 냉장용 보존백에
봉지째 담아 냉장실에 넣으
세요. 병 포장이면 뚜껑을
잘 닫아둡니다.

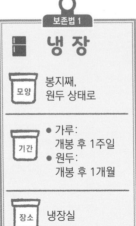

보존법 1

냉 장

모양	봉지째, 원두 상태로
기간	● 가루: 개봉 후 1주일 ● 원두: 개봉 후 1개월
장소	냉장실

쓰기 좋게 1잔 분량씩 보관

가루든 원두든 1잔 분량씩
나눠서 랩으로 싼 뒤 냉동
용 보존백에 담아 냉동실에
보존해요.

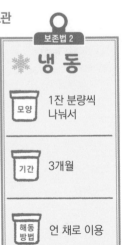

보존법 2

냉 동

모양	1잔 분량씩 나눠서
기간	3개월
해동 방법	언 채로 이용

냉암소에 상온 보존.
밀폐하여 찻잎의 풍미를 지켜야

녹차·홍차

이 성분에 주목!

	[녹차]	[홍차]
엽산	16μg	3μg
칼륨	27mg	8mg
망간	0.31mg	0.22mg
100g당	2kcal	1kcal

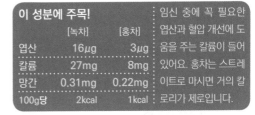

임신 중에 꼭 필요한 엽산과 혈압 개선에 도움을 주는 칼륨이 들어 있어요. 홍차는 스트레이트로 마시면 거의 칼로리가 제로입니다.

✔ **이곳을 체크!**
산화가 진행되면 갈색으로 변할 수 있으니 빨리 소비해야 해요.

보존법

🌡 **상온**
모양 용기째로
기간
● 녹차 : 개봉 후 2주일
● 홍차 : 개봉 후 1개월
장소
통풍이 잘 되는 냉암소

✔ **이곳을 체크!**
찻잎은 잘 건조된 것이 좋은 상품이에요.

 선택 방법

밀폐 가능한 통에 보존
습기나 공기에 닿아 산화되면 풍미가 떨어져요. 습도 변화가 큰 냉장고 속 보존은 좋지 않아요. 속뚜껑이 있어서 밀폐가 되는 통 등에 담아 냉암소에 보존합니다. 그리고 되도록 빨리 소비하세요.

습기에 약하므로 개봉 후에는
밀폐 보존이 최선

보리차 팩

이 성분에 주목!

칼륨	6mg
칼슘	2mg
아연	0.1mg
100g당 1kcal	

미네랄이 풍부하면서 카페인은 제로예요. 보리향을 내는 알킬피라진에는 혈액을 맑게 해주는 효과가 있답니다.

✔ **이곳을 체크!**
보리가 잘 건조된 것이 좋은 상품이에요.

보존법

냉장·냉동
모양 봉투째
기간
냉장실 : 개봉 후 6개월
냉동실 : 개봉 후 1년
해동방법 자연해동

 선택 방법

보존백에 담아 밀폐
습기 방지가 중요합니다. 냉장할 때에는 냉장용, 냉동할 때에는 냉동용 보존백에 담아 밀폐시키세요. 냄새가 강한 것 가까이에는 두지 않도록 합니다.

산화 방지를 위해
뚜껑을 닫아 냉장 보존

간장

 보존법

냉장
모양　그대로
기간　개봉 후 1개월
장소　냉장실
(개봉 전은 냉암소)

뚜껑을 잘 닫아 보존
공기에 닿으면 산화가 진행되므로 뚜껑을 잘 닫아둡니다. 사용할 양만 간장 종지에 따르고, 간장병은 냉장실에 보존하는 것이 좋아요.

습기로 인해 굳지 않도록
밀폐용기에

설탕

 보존법

상온
모양　밀폐용기에
기간　기한 없음
장소　냉암소

병에 담아서
습기가 들면 굳어요. 병 같은 밀폐용기에 담아 습기를 피해 냉암소에 보존합니다.

습기에 주의하여
냉암소 보존

소금

 보존법

상온
모양　밀폐용기에
기간　기한 없음
장소　냉암소

병에 담아서
냉장·냉동은 좋지 않아요. 병 등에 담아 밀폐하여 냉암소에 보존합니다. 굳은 것은 전자레인지에 그대로 15~20초 정도 돌려 사용하세요.

상온 보존 가능.
냉장하면 더 오래가

식초

 보존법

상온·냉장
모양　그대로
기간
상온 : 개봉 후 6개월
냉장 : 개봉 후 1년
장소　냉암소, 냉장실

뚜껑을 잘 닫아 보존
용기 뚜껑을 잘 닫아 상온 보존하세요. 더 오래 보존하고 싶다면 냉장 보존을 추천합니다.

습도 변화나 시간에 따라 변색.
냉장 보존이 안심

된장

보존법

냉장

모양　용기째 보존백에
기간　개봉 후 2개월
장소　냉장실

표면을 랩으로 덮어야
개봉 전이라도 냉장 보존이 좋아요. 개봉 후에는 마르거나 변색하지 않도록 사용 직후 표면을 평평하게 눌러주고 랩으로 덮어줍니다.

뚜껑을 잘 닫아 냉장 보존하여
풍미를 지킨다

소스

보존법

냉장

모양　그대로
기간　개봉 후 1~2개월
장소　냉장실
(미개봉은 냉암소)

뚜껑을 잘 닫아야
시간이 흐르면 풍미가 떨어지기 마련입니다. 용기의 뚜껑을 잘 닫아 냉장 보존하고, 되도록 빨리 사용하세요.

기름이 분리되지 않도록
냉기를 피해서

마요네즈

보존법

냉장

모양　그대로
기간　개봉 후 1~2개월
장소　냉장실 도어포켓,
채소실(미개봉은 냉암소)

도어포켓이나 채소실에
산화 방지를 위해 공기를 빼고 뚜껑을 닫으세요. 0도 이하에서 보존하면 기름이 분리되므로 냉기가 직접 닿지 않는 냉장실 도어포켓이나 채소실에 보존합니다.

매운맛이 식욕 촉진.
보존은 냉장실에 넣어

머스터드

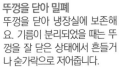

보존법

냉장

모양　그대로
기간　개봉 후 1개월
장소　냉장실
(미개봉은 냉암소)

뚜껑을 닫아 밀폐
뚜껑을 닫아 냉장실에 보존해요. 기름이 분리되었을 때는 뚜껑을 잘 닫은 상태에서 흔들거나 숟가락으로 저어줍니다.

알코올이 날아가지 않도록
뚜껑을 단단히

요리술(맛술)

보존법
▤ 냉장
모양　그대로
기간　개봉 후 2개월
장소　냉장실
(개봉 전은 냉암소)

뚜껑을 닫아 냉장실에
고온 상태에서 보존하면 풍미가 떨어지는 원인이 됩니다. 알코올이 날아가지 않도록 뚜껑을 잘 닫아 냉장실에 넣으세요.

알코올이 들어 보존성 높아.
상온 보존도 좋아요

미림

보존법
상온 · 냉장
모양　그대로
기간　개봉 후 3개월
장소
● 미림 : 냉암소,
● 미림풍 조미료 : 냉장실

개봉 후라도 뚜껑을
닫아 냉암소에
미림은 고온에 보존하면 풍미가 떨어집니다. 뚜껑을 닫아 서늘한 냉암소에 보존하세요. 미림풍 조미료는 알코올 함유량이 낮으므로 냉장 보존하세요.

수분이 분리되기 쉬우므로
사용 전 흔들어서

토마토케첩

보존법
▤ 냉장
모양　그대로
기간　개봉 후 1개월
장소　냉장실
(미개봉은 냉암소)

뚜껑을 잘 닫아 세워서 보존
뚜껑을 닫고 입구를 위로 하여 세워서 냉장실에 넣으세요. 사용할 때 투명한 액체가 나오는 경우가 있는데, 그것은 토마토에서 분리된 수분이므로 잘 흔들어 사용합니다.

뚜껑을 닫아
산화 방지와 풍미 유지

폰즈 간장

보존법
▤ 냉장
모양　그대로
기간　개봉 후 1개월
장소　냉장실
(미개봉은 냉암소)

뚜껑을 닫아 냉장실에
공기에 닿으면 산화가 진행되고 풍미가 떨어집니다. 뚜껑을 잘 닫아 냉장실에 보존하세요.

개봉 후에는 냉장 보존.
지방이 염려되는 사람은 '오일 프리' 선택

드레싱

보존법
냉장
모양 그대로
기간 개봉 후 1개월
장소 냉장실
(미개봉은 냉암소)

뚜껑을 닫아 냉장실에
뚜껑을 잘 닫아 냉장실에 보존하
세요. 내용물이 분리되기 쉬우므
로 사용 전에 잘 흔들어줍니다.

개봉 후에는 냄새가
배지 않게 밀폐

카레 루

보존법
냉장
모양 통째로
기간 개봉 후 3개월
장소 냉장실
(미개봉은 냉암소)

랩으로 싸서 보존백에
냉장실 안의 냄새를 흡수하거나
다른 식품 냄새가 배는 일이 없
도록 랩으로 단단히 싸서 냉장용
보존백에 넣으세요.

개봉 후에는 더 발효되기 전에
빨리 소비하도록

불고기 양념

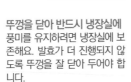

보존법
냉장
모양 그대로
기간 개봉 후 2주일
장소 냉장실
(미개봉은 냉암소)

뚜껑을 닫아 반드시 냉장실에
풍미를 유지하려면 냉장실에 보
존해요. 발효가 더 진행되지 않
도록 뚜껑을 잘 닫아 두어야 합
니다.

과일의 식이섬유가 들어 있어
보존은 냉장실에

잼

보존법
냉장
모양 그대로
기간 개봉 후 1개월
장소 냉장실
(미개봉은 냉암소)

뚜껑을 잘 닫아 두어야
사용 후에는 뚜껑을 꼭 닫아 냉장
실에 넣으세요. 곰팡이가 생기지
않도록 숟가락은 항상 깨끗한 것
을 사용해야 합니다.

습기를 먹지 않게
최대한 밀폐

분말육수

봉지 뜯은 자리를
잘 접어두어야
습기를 흡수하지 않게 뜯은 곳을
이중삼중으로 접고 집게로 단단
히 봉하세요.

좋은 지질을 함유.
산화하지 않게 밀폐 보존

깨

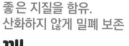

밀폐하여 산화 방지
지퍼백 포장인 경우에는 잘 닫
고, 그렇지 않은 일반 봉지라면
봉지째 냉장용 보존백에 담아
냉장실에 보존합니다.

습기와 벌레를 막으려면
밀폐 보존이 중요

밀가루

보존백이나 밀폐용기에
넣어 습기 방지
고온 다습한 장소에 보존해서는
안 됩니다. 봉지째 냉장용 보존백
에 넣든가 가루만 밀폐용기에 담
아 확실히 봉하도록 하세요.

습기에 주의하여
밀폐 보존

녹말가루

밀폐용기에 넣어 습기 방지
밀가루와 마찬가지로 봉지째 냉
장용 보존백에 넣든가 가루만
밀폐용기에 담아 상온 보존하세
요.

냉장하면 굳기 쉬우므로
언제나 상온 보존

꿀

보존법
🌡️ **상온**
모양   그대로
기간   유통기한 내
장소
햇빛이 들지 않는 곳

뚜껑을 닫아 상온 보존
보존성이 높아서 상온 보존해도
됩니다. 냉장하면 하얗게 굳기
쉬워요. 혹시 굳었을 때는 중탕
으로 저으면서 녹이세요.

보존백에 넣어 냉장이나 냉동.
날빵가루는 냉동

빵가루

보존법
냉장·냉동
모양   밀폐용기에
기간
● 건조 빵가루:
   냉장실에서 1개월
● 날빵가루:
   냉동실에서 1개월
해동방법   상온 해동

봉지째 보존백에 넣어야
개봉한 상태면 건조 빵가루는
냉장용 보존백에 넣어 냉장실
에, 날빵가루는 상하기 쉬우므
로 냉동용 보존백에 넣어 냉동
실에 보존하세요.

개봉 후에는 냉장실
개봉 전이라면 장기 보존 가능

유자후추

보존법
냉장
모양   그대로
기간   개봉 후 1개월
장소   냉장실
(미개봉은 냉암소)

뚜껑을 잘 닫아야
개봉 전이면 상온 보존도 가능해
요. 개봉 후에는 뚜껑을 잘 닫아
냉장실에 넣으세요. 되도록 빨리
써버려야 합니다.

사용 직후 뚜껑을 닫아
냉장 보존

레몬즙

보존법
냉장
모양   그대로
기간   개봉 후 1~2주일
장소   냉장실

뚜껑을 닫아 냉장 보존
곰팡이와 발효를 막으려면 뚜
껑을 잘 닫아 냉장실에 넣으세
요. 직접 짠 레몬즙이라면 얼려
서 보존합니다.(→152쪽)

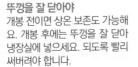